"十二五"职业教育国家规划教材

传感器应用技术

总主编　韩鸿鸾　李常峰

主　编　李常峰　刘成刚

U0316291

北 京 出 版 社

山东科学技术出版社

编写说明

加强职业教育教材建设是提高人才培养质量的关键环节,是推进教育教学改革,提高教育教学质量,促进中职教育发展的基础性工程。如何培养满足企业需求的人才,是职业教育所面临的一个突出而又紧迫的问题。目前中职教材普遍存在理论偏重、偏难、操作与实际脱节等弊端,突出的是以"知识为本位"而不是以"能力为本位"的理念,与就业市场对中职毕业生的要求相左。

为进一步贯彻落实全国教育工作会议精神、《国务院关于加快发展现代职业教育的决定》(国发〔2014〕19 号)、《现代职业教育体系建设规划(2014—2020 年)》(教发〔2014〕6号),北京出版社联合山东科学技术出版社结合机电设备安装与维修专业各中职学校发展现状及企业对人才的需求,在市场调研和专家论证的基础上,打造了反映产业和科技发展水平、符合职业教育规律和技能人才培养的专业教材。

本套专业教材以教育部最新公布的《中等职业学校机电设备安装与维修专业教学标准(试行)》为指导思想,以中职学生实际情况为根据,以中职学校办学特色为导向,与具体的专业紧密结合,按照"基于工作流程构建课程体系"的建设思路(单元任务教学)编写,根据机电设备安装与维修行业的总体发展趋势和企业对高素质技能型人才的要求,构建与机电设备安装与维修专业相配套的内容体系,涵盖了专业核心课和部分专业(技能)方向课程。

本套教材在编写过程中着力体现了模块教学理念和特色,即以素质为核心、以能力为本位,重在知识和技能的实际灵活应用;彻底改变传统教材的以知识为中心、重在传授知识的教育观念。为了完成这一宏伟而又艰巨的任务,我们成立了教材编写委员会,委员会的成员由具有多年职业教育理论研究和实践经验的高校教师、中职教师和行业企业一线专业人士担任。从选题到选材,从内容到体例,都从职业化人才培养目标出发,制定了统一的规范和要求,为本套教材的编写奠定了坚实的基础。

本套教材的特点具体如下。

一、教学目标

在教材编写过程中明确提出以教育部"工学结合,理实一体"为编写宗旨,以培养知识与技能目标,避免就理论谈理论、就技能教技能,要做到有的放矢。打破传统的知识体系,将理论知识和实际操作合二为一,理论与实践一体化,体现"学中做"和"做中学"。让学生在做中学习,在做中发现规律,获取知识。

二、教学内容

一方面采用最新颁布的规范、标准,合理选取内容,在突出主流标准、规范和技术的同时兼顾普适性;另一方面结合新知识、新工艺、新材料、新设备的现实发展要求增删、更新教学内容,重视基础内容与专业知识的衔接。通过学习,学生能更有效地建构自己的知识体系,更有利于知识的正迁移。让学生知道"做什么""怎么做""为什么",使学生明白教学的目的,并为之而努力,这才能切实提高学生的思维能力、学习能力、创造能力。

三、教学方法

教材教法是一个整体,在教材中设计以"单元—任务"的方式,通过案例载体来展开,以任务的形式进行项目落实等教学内容,每个任务以"完整"的形式体现,即完成一个任务后,学生可以完全掌握相关技能,以提升学生的成就感和兴趣。体现以学生为主体的教学方法,做到形式新颖。通过"教、学、做"一体化,按教学模块的教学过程,由简单到复杂开展教学,实现课程的教学创新。

四、编排形式

教材配图详细、图解丰富、图文并茂,引入的实际案例和设计的教学活动具有代表性,既便于教学又便于学生学习;同时,教材配套有相关案例、素材、配套练习答案光盘以及先进的多媒体课件,强化感性认识,强调直观教学,做到生动活泼。

五、编写体例

每个单元都是以任务驱动、项目引领的模块为基本结构。注重实操的教材栏目包括任务描述、任务目标、任务实施、任务检测、任务评价、相关知识、任务拓展、综合检测、单元小结等。其中,任务实施是教材中每一个单元教学任务的主题,充分体现"做中学"的重要性,以具有代表性、普适性的案例为载体进行展开;理论性偏强的教材设置了单元概述、单元目标、任务概述、任务目标、学习内容、案例分析、特别提示、拓展提高、思考练习等栏目,紧密结合岗位实际,突出了对学生职业素质和能力的培养。

六、专家引领,双师型作者队伍

本系列教材由北京出版社和山东科学技术出版社共同组织具有教学经验及教材编写经验的双师型教师编写,参加编写的学校有山东劳动职业技术学院、济南职业学院、威海职业学院、潍坊市科技中等专业学校、江西工业工程职业学院、武汉工业学校、武汉职业技术学院、江苏泰州职业技术学院,并聘请山东省教科院职业教育研究所所长杜德昌及山东大学教授冯显英、岳明君担任教材主审,感谢上海航欧机电设备有限公司、山东常林机械集团股份有限公司给予技术上的大力支持。

本系列教材,各书既可独立成册,又相互关联,具有很强的专业性。它既是机电设备安装与维修专业教学的强有力工具,也是引导机电设备安装与维修专业的学习者走向成功的良师益友。

前　言

　　本书以教育部中等职业学校《机电设备安装与维修专业教学标准》为依据编写,以"工学结合,理实一体"为编写宗旨,体现了理实一体、工作过程为导向的思想。全书采用项目化的编写模式,内容体现了岗位需求,既是理论教材,也是一本实用性较强的实践教材。

　　传感器技术是测量技术、半导体技术、计算机技术、信息处理技术、微电子学、光学、声学、精密机械、仿生学和材料科学等众多学科相互交叉的综合性和高新技术密集型前沿技术之一,是现代新技术革命和信息社会的重要基础,是自动检测和自动控制技术不可缺少的重要组成部分。目前,传感器技术已成为我国国民经济支柱产业的一部分。传感器在工业部门的应用普及率已被国际社会作为衡量一个国家智能化、数字化、网络化的重要标志。随着自动检测技术、控制技术的发展,传感器应用技术已经成为专业工程技术人员必须掌握的技术之一。传感器应用技术的应用能力是电子产品组装、检测、调试等所必须具备的能力,通过学习掌握各类传感器的基本应用方法,掌握温度、位置、压力、位移等物理量在测量中常用的各种传感器的工作原理、主要性能及其特点,就能熟练地对传感器进行选用和性能测试,能对电子产品中的传感器进行维护和调试,能进行简单的外围电路的设计。

　　教材的内容依据专业教学标准,结合岗位技能职业标准,使其有机结合在一起,所涉及的教学任务紧扣未来学生实际工作需要,体现知识技能岗位化、岗位问题化、问题教学化、教学任务化、任务行业标准化。

　　在本书的编写过程中,与多家企业进行了紧密合作,并紧扣教育部课程改革的要求,具有以下特点:

　　(1)在总内容的安排上,采用"单元—任务"的模式,将同一被测物理量放在一模块中,每一个任务介绍一种传感器的应用;

　　(2)在每个任务中,以传感器应用为主线,结合传感器的原理、技术参数及选用原则,并通过具体的电路来加深对内容的理解;

　　(3)在每个任务的内容组织上,适当保留传统的理论知识,但放在整个内容的最后,而将每个传感器的应用电路放在前面,突出了传感器的应用性;

　　(4)通过案例载体来展开,每个任务都由任务描述、任务目标、任务分析、任务实施、任务评价、相关知识、任务拓展等基本环节组成,更有利于学生系统学习;

　　(5)在教材的编写过程中,打破了传统的知识体系,将理论知识和实际操作合二为一,理论与实践一体化,体现了"学中做"和"做中学",让学生在做中学习,在做中发现规

◀◀◀　1

律,获取知识。

　　全书共有六个单元,分别介绍了常见物理量检测用传感器,包括:传感器与检测技术、力的测量、速度的测量、位移的测量、液位的测量和温度的测量等。此外,本书还对传感器的相关检测知识、电路转换及信息处理技术进行了阐述,每个单元选材力求通俗、简明、实用、操作性强。

　　附录部分,补充了金属箔式应变片——单臂电桥性能实验等 9 个基础性实验、电子称重装置等 2 个综合设计性实验和 QSCGQ -2 型传感器与检测技术实训装置说明书等说明及电阻、电偶分度表。

　　全书由李常峰、刘成刚共同担任主编,郑文霞、李翠、罗小妮、任国华担任副主编,田文玲、张欣参编。在本书的撰写、校核、审稿和编辑工作中,得到了许多老师的热情帮助,也得到了编者所在院校领导的关心和支持,在此谨向大家致以诚挚的感谢。

　　由于编者水平有限,书中难免存在疏漏之处,敬请读者予以批评指正。

编　者

目 录
CONTENTS

单元一　传感器与检测技术

单元概述

　　本单元主要学习测量及误差知识、传感器的概念、传感器接口电路等知识。通过本单元的学习,应掌握与测量有关的名词、测量的分类、误差的表示形式及根据测量精度要求如何来选择仪表;明白传感器在现代测控系统中的地位、作用,知道传感器的定义,了解其发展趋势;由于传感器是现代测控系统的感知元件,一般情况下,要通过接口电路实现传感器与控制电路的连接,所以接口电路也非常重要,应理解并熟练掌握接口电路的形式、原理及作用,在工作中能根据现象判断故障的位置。

　　在学习本单元前,同学们应复习一下电路基本理论、电子技术相关的知识。通过学习,能制作一些简单的接口电路,以锻炼自己的动手和解决问题的能力。

任务 1　测量及误差基础知识

任务描述

由于测量方法和仪器设备不完善、周围环境的影响以及人的观察力等限制,实际测量值和真值之间总是存在一定的差异。人们常用绝对误差、相对误差等来说明一个近似值的准确程度。为了评定实验测量数据的精确性或误差,认清误差的来源及其影响,需要对测量的误差进行分析和讨论。由此可以判定哪些因素是影响实验精确度的主要方面,进一步改进测量方法,缩小实际测量值和真值之间的差异,提高测量的精确性。

任务目标

- 学会误差的表示方法
- 能根据测量结果计算各误差
- 能根据要求选择精度符合要求的测量仪表

任务实施

一、测量

测量是指借助专门的技术与设备,通过实验和计算的方法取得事物量值的认识过程,即将被测量与一个同性质的、作为测量单位的标准量进行比较,从而确定被测量是标准量的若干倍或几分之几的比较过程。

测量的结果包括大小、符号(正或负)、单位三个要素。

测量的方法多种多样。根据被测量是否随时间变化,可分为静态测量和动态测量;根据测量的手段不同,可分为直接测量和间接测量等。测量是人类认识事物本质不可缺少的手段。通过测量和实验能使人们对事物获得定量的概念和发现事物的规律性。科学上很多新的发现和突破都是以实验测量为基础的。

测量的目的就是为了最接近地求取真值,下面介绍真值的概念和一般情况下真值的确定方法。

真值是待测物理量客观存在的确定值,也称理论值或定义值。通常真值是无法测得的。若测量的次数无限多,根据误差的分布定律,正、负误差出现的几率相等。再细致地消除系统误差,将测量值加以平均,可以获得非常接近于真值的数值。但实际上测量的次数总是有限的。用有限测量值求得的平均值只能是近似真值,常用的平均值有下列几种:

(1)算术平均值

算术平均值是最常见的一种平均值。

设 x_1、x_2、$\cdots\cdots$、x_n 为各次测量值,n 代表测量次数,则算术平均值为

$$\bar{x} = \frac{x_1 + x_2 + \cdots + x_n}{n} = \frac{\sum\limits_{i=1}^{n}}{n} \qquad (1-1)$$

(2)几何平均值

几何平均值是将一组 n 个测量值连乘并开 n 次方求得的平均值,即

$$\bar{x}_{几} = \sqrt[n]{x_1 \cdot x_2 \cdots \cdot x_n} \qquad (1-2)$$

(3)均方根平均值

$$\bar{x}_{均} = \sqrt{\frac{x_1^2 + x_2^2 + \cdots + x_n^2}{n}} = \sqrt{\frac{\sum\limits_{i=1}^{n} x_i^2}{n}} \qquad (1-3)$$

二、测量误差及其分类

测量值与真值之间的差值称为测量误差,简称误差。

1. 误差的表示方法

利用任何量具或仪器进行测量时总存在误差,测量结果不可能准确地等于被测量的真值,而只是它的近似值。测量的质量高低以测量精确度作为指标,根据测量误差的大小来估计测量的精确度。测量结果的误差越小,则认为测量就越精确。

(1)绝对误差

测量值 X 和真值 A_0 之差为绝对误差,通常称为误差,记为

$$\Delta = X - A_0 \qquad (1-4)$$

由于真值 A_0 一般无法求得,式(1-4)只有理论意义。常用高一级标准仪器的示值作为实际值 A 以代替真值 A_0。由于高一级标准仪器存在较小的误差,虽然 A 不等于 A_0,但总比 X 更接近于 A_0。X 与 A 之差称为仪器的示值绝对误差,记为

$$\Delta = X - A \qquad (1-5)$$

与 Δ 相反的数称为修正值,记为

$$C = -\Delta = A - X \qquad (1-6)$$

(2)相对误差

衡量某一测量值的准确程度,一般用相对误差来表示。示值绝对误差 Δ 与被测量的实际值 A 的百分比值称为实际相对误差,记为

$$\gamma_A = \frac{\Delta}{A} \times 100\% \qquad (1-7)$$

以仪器的示值 X 代替实际值 A 的相对误差称为示值相对误差,记为

$$\gamma_X = \frac{\Delta}{X} \times 100\% \tag{1-8}$$

一般来说,除了某些理论分析外,用示值相对误差较合适。

(3)引用误差

为了计算和划分仪表精确度等级,提出"引用误差"的概念,其定义为仪表示值的绝对误差与量程范围之比,记为

$$\gamma_A = \frac{示值绝对误差}{量程范围} \times 100\% = \frac{\Delta}{X_n} \times 100\% \tag{1-9}$$

式中,Δ 为示值绝对误差;X_n = 标尺上限值 - 标尺下限值。

2. 测量仪表的精度

测量仪表的精度等级是用最大引用误差(又称允许误差)来标明的。它等于仪表示值中的最大绝对误差与仪表的量程范围之比的百分数。

$$\gamma_{n\max} = \frac{最大示值绝对误差}{量程范围} \times 100\% = \frac{\Delta_{\max}}{X_n} \times 100\% \tag{1-10}$$

式中,$\gamma_{\max}$ 为仪表的最大引用误差;$\Delta_{\max}$ 为仪表的最大示值绝对误差;X_n = 标尺上限值 - 标尺下限值。

测量仪表的精度等级是国家统一规定的,把允许误差中的百分号去掉,剩下的数字就称为仪表的精度等级。仪表的精度等级常以圆圈内的数字标明在仪表的面板上。例如,某台压力计的允许误差为 1.5%,这台压力计电工仪表的精度等级就是 1.5,通常简称 1.5 级仪表。我国仪表的精度等级分为 7 级:0.1、0.2、0.5、1.0、1.5、2.5、5.0。

仪表的精度等级为 a,它表明仪表在正常工作条件下,其最大引用误差的绝对值 $\delta_{\max}$ 不能超过的界限,即

$$\delta_{\max} = |\gamma_{n\max}| = \left|\frac{\Delta_{\max}}{X_n}\right| \times 100\% \leqslant a\% \tag{1-11}$$

由式(1-11)可知,应用仪表进行测量时所能产生的最大绝对误差(简称误差限)为

$$\Delta_{n\max} \leqslant a\% \cdot X_n \tag{1-12}$$

3. 误差分类

误差产生的原因多种多样,根据误差的性质和产生的原因,一般分为三类:

(1)系统误差

系统误差是指在测量和实验中未发觉或未确认的因素所引起的误差,而这些因素影响结果永远朝一个方向偏移,其大小及符号在同一组实验测定中完全相同,实验条件一经确定,系统误差就存在一个客观上的恒定值。

改变实验条件,就能发现系统误差的变化规律。

系统误差产生的原因:测量仪器不良,如刻度不准、仪表零点未校正或标准表本身存在偏差等;周围环境的改变,如温度、压力、湿度等偏离校准值;实验人员的习惯和偏向,如读数偏高或偏低等。针对仪器的缺点、外界条件变化影响的大小、个人的偏向,分别加以校正后,系统误差是可以清除的。

（2）随机误差

在已消除系统误差的一切量值的观测中,所测数据仍在末一位或末两位数字上有差别,而且它们的绝对值时大时小,符号时正时负,没有确定的规律,这类误差称为偶然误差或随机误差。随机误差产生的原因不明,因而无法控制和补偿。但是,倘若对某一量值做足够多次的等精度测量,就会发现偶然误差完全服从统计规律,误差的大小或正负完全由概率决定。因此,随着测量次数的增加,随机误差的算术平均值趋近于 0,所以多次测量结果的算数平均值将更接近于真值。

（3）粗大误差

粗大误差是一种显然与事实不符的误差,它往往是由于实验人员粗心大意、过度疲劳和操作不正确等引起的。此类误差无规则可循,只要加强责任感、多方警惕、细心操作,过失误差是可以避免的。

4. 精密度、准确度和精确度

反映测量结果与真实值接近程度的量,称为精度（亦称精确度）。它反映测量中所有系统误差和随机误差综合的影响程度。它与误差大小相对应,测量的精度越高,其测量误差就越小。精度应包括精密度和准确度两层含义。

（1）精密度

测量中所测得数值重现性的程度,称为精密度。它反映随机误差的影响程度,精密度高就表示随机误差小。

（2）准确度

测量值相对真值的偏移程度,称为准确度。它反映系统误差的影响精度,准确度高就表示系统误差小。

在一组测量中,精密度高的准确度不一定高,准确度高的精密度也不一定高,但精确度高,则精密度和准确度都高。

精密度与准确度的区别,可用下述打靶子的例子来说明:图 1 - 1（a）中表示精密度和准确度都很好,则精确度高;图 1 - 1（b）表示精密度很好,但准确度却不高;图 1 - 1（c）表示精密度与准确度都不好。

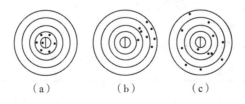

（a）　　　　（b）　　　　（c）

图 1 - 1　精密度和准确度的关系

任务2 传感器基础知识

 任务描述

传感器是利用各种物理、化学、生物现象将非电学量转换为电学量的器件,传感器可以检测自然界所有的非电学量,它在社会生活中发挥着不可替代的作用。传感器技术是自动控制技术的核心技术。

当今社会的发展就是信息技术的发展。早在20世纪80年代,美国首先认识到世界已进入传感器时代,日本也将传感器技术列为十大技术之首,我国将传感器技术列为国家八五重点科技攻关项目,建成了传感器技术国家重点实验室、微纳米国家重点实验室、国家传感器工程中心等研究开发基地。传感器产业已被国内外公认为是具有发展前途的高技术产业。它以技术含量高、经济效益好、渗透力强、市场前景广等特点为世人所瞩目。

传感器检测涉及的范畴很广,常见检测涉及的内容见表1-1。

表1-1 检测涉及的内容

被测量类型	被测量	被测量类型	被测量
机械量	速度、加速度、转速、应力、应变、力矩、振动等	热工量	温度、热量、比热容、压强、物位、液位、界面、真空度等
几何量	长度、厚度、角度、直径、平行度、形状等	物质成分量	气体、液体、固体的化学成分,浓度,湿度等
电参量	电压、电流、功率、电阻、阻抗、频率、相位、波形、频谱等	状态量	运动状态(启动、停止等)、异常状态(过载、超温、变形、堵塞等)

 任务目标

- 能理解传感器的静态特性指标
- 学会传感器的定义及组成

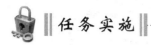

一、传感器在各领域中的应用

随着现代科技技术的高速发展,人们生活水平的迅速提高,传感器技术越来越受到普遍的重视,它的应用已渗透到国民经济的各个领域。

1. 在工业生产过程的测量与控制方面的应用

在工业生产过程中,必须对温度、压力、流量、液位和气体成分等参数进行监测,从而实现对工作状态的监控,诊断生产设备的各种情况,使生产系统处于最佳状态,从而保证产品质量,提高效益。目前,传感器与微机、通信等技术的结合渗透,使工业监测实现了自动化,更具有准确、效率高等优点。如果没有传感器,现代工业生产程度将会大大降低。

2. 在汽车电控系统中的应用

随着人们生活水平的提高,汽车已逐渐走进千家万户。传感器在汽车中相当于感官和触角,它能准确地采集汽车工作状态的信息,提高汽车的自动化程度。汽车传感器主要分布在发动机控制系统、底盘控制系统和车身控制系统。普通汽车上装有 10～20 只传感器,而有的高级豪华车使用的传感器多达 300 个。因此,传感器已成为汽车电控系统的关键部件,直接影响到汽车技术性能的发挥。

3. 在现代医学领域的应用

社会的飞速发展需要人们快速、准确地获取相关信息。医学传感器作为拾取生命体征信息的"五官",其作用日益显著,并得到广泛应用。例如,在图像处理,临床化学检验,生命体征参数的监护监测,呼吸、神经、心血管疾病的诊断与治疗等方面,传感器的使用十分普遍。可以说,传感器在现代医学仪器设备中已无处不在。

4. 在环境监测方面的应用

近年来环境污染问题日益严重,人们迫切希望拥有一种能对污染物进行连续、快速、在线监测的仪器,传感器满足了人们的这一要求。目前,已有相当一部分生物传感器应用于环境监测中,如二氧化硫是酸雨雾形成的主要原因,传统的检测方法很复杂,现在将亚细胞类脂类固定在醋酸纤维膜上,和氧电极一起制成安培型生物传感器,可对酸雨酸雾样品溶液进行检测,大大简化了检测方法和过程。

5. 在军事方面的应用

传感器技术在军用电子系统的运用促进了武器、作战指挥、控制、监视和通信的智能化。传感器在远方战场监视系统、防空系统、雷达系统、导弹系统等方面都有广泛的应用,是提高部队战斗力的重要因素。

6. 在家用电器方面的应用

20 世纪 80 年代以来,随着以微电子为中心的技术革命的兴起,家用电器正向自动化、智能化、节能、无环境污染的方向发展。自动化和智能化的核心就是研制由微电脑和各种传感器组成的控制系统。例如,空调器采用微电脑控制配合传感器技术,可以实现压缩机的启动、停机、风门调节、换气等,从而对温度、湿度和空气浊度进行控制。随着人们对家用电器方便、舒适、安全、节能的要求的提高,传感器将越来越广泛地得到应用。

7. 在学科研究方面的应用

科学技术的不断发展孕生了许多新的学科领域,无论是宏观的宇宙,还是微观的粒子世界,许多未知现象的研究和规律的探寻都要获取大量人类感官无法直接感知的信息,没有相应的传感器是不可能实现的。

8. 在智能建筑领域中的应用

智能建筑是未来建筑的必然趋势,涵盖智能自动化、信息化、生态化等多方面内容,具有微型集成化、高精度、数字化和智能化特征的智能传感器将在智能建筑中占有重要的地位。

二、传感器的发展趋势

科学技术的发展使得人们对传感器技术越来越重视,认识到它是影响人们生活水平的重要因素。随着世界各国现代化步伐的加快,对检测技术的要求也越来越高,因此,对传感器的开发成为目前最热门的研究课题之一。而科学技术尤其是大规模集成电路技术、微型计算机技术、机电一体化技术、微机械和新材料技术的不断进步,则大大促进了现代检测技术的发展。传感器技术发展趋势可以从以下几方面来看:一是开发新材料、新工艺和开发新型传感器;二是实现传感器的多功能、高精度、集成化和智能化;三是通过传感器与其他学科的交叉整合,实现无线网络化。

1. 开发新型传感器

传感器的工作机理是基于各种物理(化学或生物)效应和定律,由此启发人们进一步探索具有新效应的敏感功能材料,并以此研制具有新原理的新型传感器,这是发展高性能、多功能、低成本和小型化传感器的重要途径。

2. 开发新材料

传感器材料是传感器技术的重要基础,随着传感器技术的发展,除了早期使用的材料如半导体材料、陶瓷材料外,光导纤维、纳米材料、超导材料等相继问世并投入使用。人工智能材料更是将我们带入了一个新的天地,它同时具有三个特征:能感知环境条件的变化(传统传感器);能识别和判断(处理器);能发出指令和自动采取行动(执行器)。随着研究的不断深入,未来将会有更多、更新的传感器材料被开发出来。

3. 多功能集成化传感器的开发

传感器集成化包含两种含义:一种是同一功能的多元件并列,目前发展很快的自扫描光电二极管列阵、CCD 图像传感器就属此类;另一种含义是功能一体化,即将传感器与放大、运算以及温度补偿等环节一体化,组装成一个器件,例如把压敏电阻、电桥、电压放大器和温度补偿电路集成在一起的单块压力传感器。

多功能是指一器多能,即一个传感器可以检测两个或两个以上的参数,如最近国内已经研制成功的硅压阻式复合传感器,可以同时测量温度和压力等。

4. 智能传感器的开发

智能传感器是将传感器与计算机集成在一块芯片上的装置,它将敏感技术和信息处理技术相结合,除了感知的本能外,还具有认知能力。例如,将多个具有不同特性的气敏元件集成在一个芯片上,利用图像识别技术处理,可得到不同的灵敏模式,然后将这些模式所获取的数据进行计算,与被测气体的模式类比推理或模糊推理,可识别出气体的种类和各自的浓度。

5. 多学科交叉融合

无线传感器网络是由大量无处不在的、有无线通信与计算能力的微小传感器节点构成的自组织分布式网络系统,是能根据环境自主完成指定任务的"智能"系统。它是涉及微传感器与微机械、通信、自动控制、人工智能等多学科的综合技术,其应用已由最初单一的军事领域扩展到反恐、防爆、环境监测、医疗保健、家居、商业、工业等众多领域,有着广泛的应用前景。因此,1999 年和 2003 年美国《商业周刊》和 MIT《技术评论》在预测未来技术发展的报告中,分别将其列为 21 世纪最具影响的 21 项技术和改变世界的 10 大新技术之一。

6. 加工技术微精细化

随着传感器产品质量档次的提升,加工技术的微精细化在传感器的生产中占有越来越重要的地位。微机械加工技术是近年来随着集成电路工艺发展起来的,将离子束、电子束、激光束和化学刻蚀等用于微电子加工的技术,目前已越来越多地用于传感器制造工艺。例如,溅射、蒸镀等离子体刻蚀、化学气相淀积(CVD)、外延生长、扩散、腐蚀、光刻等。另外一个发展趋势是越来越多的生产厂家将传感器作为工艺品来精雕细琢。无论是一根导线,还是导线防水接头的出孔;无论是一个角落,还是一个细节,传感器的制作都达到了工艺品水平。如柱式传感器的底座易进沙尘及其他物质,而底座一旦进了沙尘或其他物质后,将会对传感器来回摇摆产生影响,日本久保田公司的柱式传感器外加了一个黑色的防尘罩后,显然克服了上述弊端。这个附件的设计不仅充分考虑了用户使用现场的环境要求,而且制作工艺、外观非常考究。

三、传感器及其基本特性

1. 传感器的定义

国家标准 GB/T 7665—2005 对传感器的定义是:"能感受规定的被测量并按照一定的规律转换成可用输出信号的器件或装置,通常由敏感元件和转换元件组成。"传感器是一种检测装置,能感受到被测量的信息,并能将检测感受到的信息,按一定规律变换成为电信号或其他所需形式的信息输出,以满足信息的传输、处理、存储、显示、记录和控制等要求。它是实现自动检测和自动控制的首要环节。传感器的输出信号多为易于处理的电学量,如电压、电流、频率等。

传感器的组成如图 1 - 2 所示。

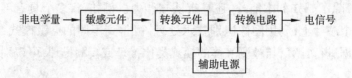

图1-2 传感器组成框图

图1-2中,敏感元件是在传感器中直接感受被测量的元件,即被测量通过传感器的敏感元件转换成一个与之有确定关系、更易于转换的非电学量。这一非电学量通过转换元件被转换成电学量。转换电路的作用是将转换元件输出的电学量转换成易于处理的电压、电流或频率等电学量。应该指出,有些传感器将敏感元件与传感元件合二为一了。

2. 传感器分类

根据某种原理设计的传感器可以同时检测多种物理量,而有时一种物理量又可以用几种传感器测量,传感器有很多种分类方法。虽然目前对传感器尚无一个统一的分类方法,但比较常用的有如下三种:

按传感器的物理量分类,可分为位移、力、速度、温度、湿度、流量、气体成分等传感器。

按传感器工作原理分类,可分为电阻、电容、电感、电压、霍尔、光电、光栅、热电偶等传感器。

按传感器输出信号的性质分类,可分为输出为开关量("1"和"0",或"开"和"关")的开关型传感器、输出为模拟量的传感器、输出为脉冲或代码的数字型传感器。

3. 传感器数学模型

传感器检测被测量,应该按照规律输出有用信号,因此需要研究其输出与输入之间的关系及特性,理论上用数学模型来表示输出与输入之间的关系和特性。

传感器可以检测静态量和动态量,输入信号不同,传感器表现出来的关系和特性也不尽相同。在这里,将传感器的数学模型分为动态和静态两种,本书只研究静态数学模型。

静态数学模型是指在静态信号作用下,传感器输出量与输入量之间的一种函数关系。表示为

$$y = a_0 + a_1 x + a_2 x^2 + \cdots + a_n x^n \tag{1-13}$$

式(1-13)中,x 为输入量;y 为输出量;a_0 为 0 输入时的输出,也称零位误差;a_1 为传感器的线性灵敏度,用 k 表示;a_2、$\cdots$、a_n 为非线性项系数。

根据传感器的数学模型,一般把传感器分为三种:

理想传感器:静态数学模型表现为 $y = a_1 x$;

线性传感器:静态数学模型表现为 $y = a_0 + a_1 x$;

非线性传感器:静态数学模型表现为 $y = a_0 + a_1 x + a_2 x^2 + \cdots + a_n x^n$($a_2$、$\cdots$、$a_n$ 中至少有一个不为 0)。

4. 传感器的特性与技术指标

传感器的静态特性是指对静态的输入信号,传感器的输出量与输入量之间的关系。因为输入量和输出量都与时间无关,它们之间的关系即传感器的静态特性可用一个不含

时间变量的代数方程来表示,或以输入量为横坐标、把与其对应的输出量作为纵坐标而画出的特性曲线来描述。表征传感器静态特性的主要参数有线性度、灵敏度、分辨力和迟滞等,传感器的参数指标决定了传感器的性能以及选用传感器的原则。

(1)传感器的灵敏度

灵敏度是指传感器在稳态工作情况下输出量变化 Δy 对输入量变化 Δx 的比值。它是输出—输入特性曲线的斜率。

$$k = \frac{\Delta y}{\Delta x} \tag{1-14}$$

如果传感器的输出和输入之间是线性关系,则灵敏度 k 是一个常数,数值上等于特性曲线的斜率,否则它将随输入量的变化而变化。

灵敏度的量纲是输出、输入量的量纲之比。例如,某位移传感器在位移变化 1 mm 时,输出电压变化为 200 mV ,则其灵敏度应表示为 200 mV/mm。传感器输出、输入量的量纲相同时,灵敏度可理解为放大倍数。

提高灵敏度,可得到较高的测量精度。但灵敏度越高,测量范围越窄,稳定性也往往越差。

(2)传感器的线性度

通常情况下,传感器的实际静态特性输出是一条曲线而非直线。在实际工作中,为使仪表具有均匀刻度的读数,常用一条拟合直线近似地代表实际的特性曲线。线性度(非线性误差)就是这个近似程度的一个性能指标。拟合直线的选取有多种方法,如将零输入和满量程输出点相连的理论直线作为拟合直线;或将与特性曲线上各点偏差的平方和为最小的理论直线作为拟合直线,此拟合直线称为最小二乘法拟合直线。

$$E = +\frac{\Delta_{\max}}{Y_{\mathrm{m}}} \times 100\% \tag{1-15}$$

式中,$\Delta_{\max}$ 是实际曲线和拟合直线之间的最大差值;Y_{m} 为量程。

(3)传感器的分辨力

分辨力是指传感器可能感受到的被测量的最小变化的能力。也就是说,如果输入量从某一非零值缓慢地变化,当输入变化值未超过某一数值时,传感器的输出不会发生变化,即传感器对此输入量的变化是分辨不出来的。只有当输入量的变化超过传感器的分辨力时,其输出才会发生变化。

传感器在满量程范围内各点的分辨力通常并不相同,因此常用满量程中能使输出量产生阶跃变化的输入量中的最大变化值作为衡量分辨力的指标,上述指标若用满量程的百分比表示,则称为分辨力。

(4)重复性

传感器在输入量按同一方向做全量程多次测试时,所得特性曲线不一致的程度,称为重复性。

$$E_{\mathrm{z}} = +\frac{\Delta_{\max}}{Y_{\mathrm{m}}} \times 100\%$$

式中,$\Delta_{\max}$ 是多次测量曲线之间的最大差值;Y_{m} 是传感器的量程。

（5）迟滞特性

迟滞特性是指传感器在正向行程（输入量增大）和反向行程（输入量减小）期间，输入—输出特性曲线不一致的程度。闭合路径称为滞环。

$$E_{\max} = + \frac{\Delta_{\max}}{Y_m} \times 100\% \qquad (1-16)$$

式中，$\Delta_{\max}$是正向曲线与反向曲线之间的最大差值；Y_m是传感器的量程。

（6）稳定性与漂移

传感器的稳定性有长期和短期之分，一般指一段时间以后，传感器的输出和初始标定时的输出之间的差值。通常用不稳定度来表征其输出的稳定程度。

传感器的漂移是指在外界干扰下，输出量出现与输入量无关的变化。漂移有很多种，如时间漂移和温度漂移等。时间漂移指在规定的条件下零点或灵敏度随时间发生的变化；温度漂移指环境温度变化而引起的零点或灵敏度的变化。

 ┃单元小结┃

本单元通过两个方面分别介绍了测量技术和传感器技术的概念，测量技术部分重点掌握测量方法和测量分类，传感器技术部分重点掌握传感器的定义、组成和作用，为后续课程的学习打下坚实的基础。

本单元知识点梳理

任务名称	知识点
任务1　测量及误差基础知识	1.测量的基础知识 2.测量误差及分类
任务2　传感器基础知识	1.传感器的作用 2.传感器的发展趋势 3.传感器的特性

 ┃综合测试┃

一、填空题

1．传感器是一种将_____信号转换为_____信号的装置，一般由_____和_____组成。

2．传感器中的敏感元件是指_____被测量，并输出与被测量_____的元件。

3．传感器中的转换元件是指感受_____输出的、与被测量成确定关系的_____，然后输出_____的元件。

4．在传感器中，_____感受被测的量，并输出与被测量成_____关系的_____元件称为敏感元件。

5．通常用_____来描述传感器的输入—输出特性。

二、选择题

1. ( )是指传感器中能直接感受被测量的部分。
   A. 传感元件　　　　B. 敏感元件　　　　C. 测量电路

2. 由于传感器的输出信号一般都很微弱,需要将其放大并转换为容易传输、处理、记录和显示的形式,这部分为( )。
   A. 传感元件　　　　B. 敏感元件　　　　C. 测量电路

3. 传感器主要完成两个方面的功能,检测和( )。
   A. 测量　　　　B. 感知　　　　C. 信号调节　　　　D. 转换

4. 传感器感知的输入变化量越小,表示传感器的( )。
   A. 线性度越好　　B. 迟滞越小　　C. 重复性越好　　D. 灵敏度越高

5. 传感器的静态特性参数不包括( )。
   A. 线性度　　　　B. 零点时间漂移　　C. 频率响应　　D. 不重复性

三、简答题

1. 传感器一般由几部分组成? 试说明各部分的作用。

2. 有 3 块测温仪表,量程均为 0 ℃ ~ 800 ℃,精度等级分别为 0.5、1.0、1.5 级,现在要测量 500 ℃ 的温度,要求测量误差不超过 10 ℃,选哪块仪表最合理?

3. 被测温度为 400 ℃,现在有量程为 0 ℃ ~ 500 ℃、精度等级为 1.5 级和量程为 0 ℃ ~ 1 000 ℃、精度等级为 1.0 级的温度表各一块,选哪一块仪表测量更好一些? 为什么?

单元二　力的测量

单元概述

在生活、生产中，我们常常需要对物体的重量（质量）进行检测。用于测量物体重量的电子装置称为电子秤。与机械秤相比，它不仅可以测量物体重量，还可以将采集的数据传送到数据处理中心，作为在线测量或自动控制的依据。

力的测量中所采用的传感器称为力敏传感器，它是检测气体、液体、固体之间作用力能量的总称，也包括测量高于大气压力的压力计以及测量低于大气压的真空计。力敏传感器是一种出现最早、应用较广泛的物理量传感器，是最常用的传感器之一，它能感受外力并将其转换成电压、电流等电信号。

力敏传感器的种类甚多，传统的测量方法是利用弹性元件的形变和位移来表示，但是它的体积大、笨重、输出非线性等。随着技术的发展，越来越多的力敏传感器种类被研制出来。按照其转换原理，传感器可分为电阻应变式、压阻式、压电式、电容式、电感式、谐振式等多种。按照其内部结构不同，可分为机械式和半导体式两大类，在机械式力敏传感器中，以弹簧压力及应用比较广泛，机械式力敏传感器除了能测量气压外，也可用于各种工业测量，如测量压缩空气气压等；半导体式力敏传感器与机械式力敏传感器相比，具有小型、轻便、结实等特点。

本单元主要从电阻应变式传感器和压电式传感器两方面进行讲解。

任务 1 电阻应变式传感器测量力

‖任务描述‖

电阻应变式传感器是应用较早的一类电参数传感器,它的种类繁多,应用十分广泛,其基本原理是将被测物理量的变化转换成与之有对应关系的电阻值的变化,再经过相应的测量电路后,反映出被测量的变化。

电阻式力敏传感器与其他类型的力学传感器相比,具有测量范围宽、输出特性好、精度高、性能稳定、工作可靠、能在恶劣环境条件下工作的特点。

电阻应变式力敏传感器可用于测量力、压力、加速度等力学量,因此被广泛应用于多种行业之中。

‖任务目标‖

- 了解力传感器的分类与基本结构
- 掌握应变式力传感器的测量方法
- 了解应变式力传感器的应用场合和应用方法

‖任务分析‖

在生产过程中,压力检测与调节控制系统的应用非常广泛。例如,机器人在把圆棒插入到孔里的配合作业中,如果圆棒插入的角度不合适,则会产生咬住现象而不能插入。机器人启动抓圆棒的手腕,先要找到孔的位置,然后在不引发咬住现象的情况下才能顺利插入。能顺利进行插入作业是因为先检测出了由圆棒的接触关系而产生的左右、上下方向的力,然后根据这些力来调整圆棒的位置。用来检测这个力的装置称为力传感器,最常用的就是电阻应变片。

将电阻应变片粘在弹性元件的特定表面上,当力、扭矩、速度、加速度及流量等物理量作用于弹性元件时,会导致元件应力和应变的变化,进而引起电阻应变片电阻的变化,电阻的变化经电路处理后以电信号的方式输出。这就是电阻应变式传感器的工作原理。

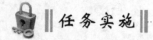 **任务实施**

一、任务准备

电子秤在工业生产、商场零售等行业中已随处可见。在城市商业领域,电子计价秤已取代传统的杆秤和机械案秤。

市场上通用的电子计价秤的硬件电路通常以单片机为核心,结合传感器、信号处理电路、A/D 转换电路、键盘及显示器组成,其硬件组成如图 2-1 所示。

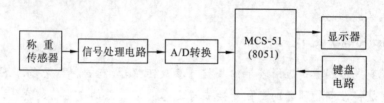

图 2-1 通用电子计价秤硬件结构框图

系统的基本工作过程是称重传感器将所称物品重量转换成电压信号,经信号处理电路处理成比较高的电压(此电压取决于 A/D 转换器的基准电压),在 MCU 的控制下由 A/D转换电路转换成数字量送 CPU 进行显示,并根据设置的价格计算出总金额。整个系统的重点在于传感器和信号处理部分,其他部分只是为了提高系统的自动化水平及改善人机交互界面,所以本项目主要讨论传感器及信号处理电路。

传感器是整个系统的重量检测部分,常用的电阻式称重传感器主要包括悬臂梁、剪切梁、S 形拉压式及柱式力传感器,如图 2-2 所示。当称重传感器受外力 F 作用时,四个粘贴在变形较大的部位的电阻应变片将产生形变,其电阻值随之变化。当外载荷改变时,由四个电阻应变片组成的电桥输出电压与外加载荷成正比。表 2-1 给出了某称重传感器的技术参数。

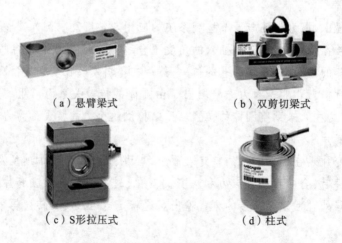

（a）悬臂梁式　　　　　　　　　（b）双剪切梁式

（c）S形拉压式　　　　　　　　　（d）柱式

图 2-2 常见电子秤用传感器外形

表2－1　　　　　　　　　　　　　　　某称重传感器技术参数

技术参数	单位	数值
额定载荷(R.C.)	kg	3,6,10,20,30,45,100
建议台面尺寸	mm	300×300
额定输出(R.O.)	mV/V	2±0.2
零点平衡	mV/V	±0.04
综合误差	%R.O.	±0.02
非线性	%R.O.	±0.02
滞后	%R.O.	±0.02
重复性	%R.O.	±0.017
蠕变(30分钟)	%R.O.	±0.02
正常工作温度范围	℃	-10～+40
允许工作温度范围	℃	-20～+70
温度对灵敏度的影响	%R.O./10℃	±0.02
温度对零点的影响	%R.O./10℃	±0.02
推荐激励电压(DC)	V	10
最大激励电压(DC)	V	15
输入阻抗	Ω	410±10
输出阻抗	Ω	350±3
绝缘阻抗	MΩ	>5000
安全过载	%R.C.	150
极限过载	%R.C.	200
弹性元件材料		铝合金
防护等级		IP65
电缆线长度	m	0.4
接线方式	激励	红:+　黑:-
	信号	绿:+　白:-

由表2－1中参数可以看出,传感器的灵敏度为2 mV/V,即当电源电压为10 V、所加重量为5 kg时,其输出电压为100 mV,电压幅度太小,必须经处理后才能进行显示或送A/D转换器转换。

二、任务实施

简易电子秤电路原理图如图2－3所示。

由图可知,电路主要由三部分组成,由R_1、R_2、VR_1及称重传感器组成电桥电路,将待称物的重量转换成与之成一定关系的模拟电压;由 IC_1、IC_2、IC_3 及外围电阻组成的仪表放大电路,将传感器输出的微弱信号放大成足够大的电压(伏级);由 IC_4 及外围元件组成调零电路,当传感器不加重物时,IC_4 的输出 U_{out} 为零。

图中 VR_1 完成电桥的平衡调节,主要是防止传感器四个桥臂的阻值不完全相等,VR_2 实现仪表放大器的增益调节,VR_3 实现电路调零。

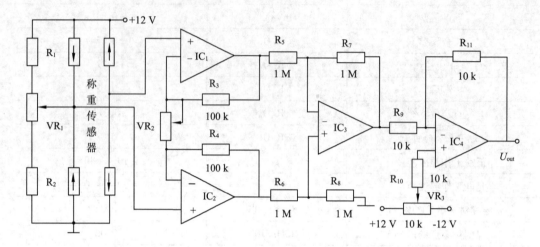

图 2 – 3 简易电子秤电路图

三、任务检测

1. 电路制作

按原理图准备元器件,仪表放大器所用电阻应为高精密电阻。集成运放 $IC_1 \sim IC_4$ 可以使用精密集成运算放大器 OP07;若想简化电路,降低成本,也可以采用 LM358、LM324 之类的多运放 IC。

2. 电路调试

电路制作完成后,接通电源,将增益调节电阻 VR_2 调至中间位置,然后进行差放调零。增益电位器 VR_3 顺时针调节到中间位置,将差动放大器的正、负输入端与地短接,输出端 OUT 与 10 V 的电压表相连,调节电路板上调零电位器 VR_3,使电压读数为 0,关闭电源。将传感器接入电路并接通电源,在不加重物的情况下,调节 VR_1 使电压表读数为 0。在传感器上放 5 kg 重物,调节 VR_2,使电压表读数为 5 V,至此电路调试完毕。

因电路的调节元器件比较多,若一次调节不成功的话,可以进行多次调节,直到正常为止。

3. 称重传感器的选用原则

在电子衡器中,选用何种称重传感器,要全面衡量,主要考虑以下几个方面:

(1)结构、形式的选择

选用何种结构的称重传感器,主要看衡器的结构和使用的环境条件。如要制作低外形衡器,一般应选用悬臂梁式和轮辐式传感器,若对外形高度要求不严,则可采用柱式传感器。此外,若衡器使用的环境很潮湿,有很多粉尘,则应选择密封形式较好的;若在有爆炸危险的场合,则应选用本质安全型传感器;若在高架称重系统中,则应考虑安全及过载保护;若在高温环境下使用,则应选用有水冷却护套的称重传感器;若在高寒地区使用,则应考虑采用有加温装置的传感器。在形式选择中,一个要考虑的因素是维修的方便与否及其所需费用,即一旦称重系统出了故障,能否很顺利、迅速地获得维修器件。若不能做到,就说明形式选择不够合适。

(2)量程的选择

称重系统的称量值越接近传感器的额定容量,则其称量准确度就越高,但在实际使用时,由于存在秤体自重、皮重及振动、冲击、偏载等,不同称量系统选用传感器量限的原则有很大差别。作为一般规则,可有:

单传感器静态称重系统:固定负荷(秤台、容器等)+变动负荷(需称量的载荷)≤所选用传感器的额定载荷×70%。

多传感器静态称重系统:固定负荷(秤台、容器等)+变动负荷(需称量的载荷)≤所选用传感器的额定载荷×所配传感器个数×70%。

其中,70%的系数即是考虑振动、冲击、偏载等因素而加的。

另外,在量程的选择上还应注意:

①选择传感器的额定容量要尽量符合生产厂家的标准产品系列中的值,若选用了非标准产品,不但价格高,而且损坏后难以代换。

②在同一称重系统中,不允许选用额定容量不同的传感器,否则该系统没法正常工作。

③所谓变动负荷(需称量的载荷)是指加于传感器的真实载荷,若从秤台到传感器之间力的传递中有倍乘和衰减的机构(如杠杆系统),则应考虑其影响。

(3)准确度的选择

称重传感器准确度等级的选择,要能够满足称重系统准确度级别的要求,且只要能满足这项要求即可,即若 2 500 分度的传感器能满足要求,切勿选用 3 000 分度的。若在一称重系统中使用了若干只相同形式、相同额定容量的传感器并联工作时,其综合误差为 $\Delta_{综合}$,则有

$$\Delta_{综合} = \frac{\Delta}{n} \times \frac{1}{2} \tag{2-1}$$

式中,Δ 为单个传感器的综合误差;n 为传感器的个数。

另外,电子称重系统一般由三大部分组成,分别是称重传感器、称重显示器和机械结构件。当系统的允差为 1 时,作为非自动衡器主要构成部分之一的称重传感器的综合误差 $\Delta_{综合}$ 一般只能达到 0.7 的比例成分。根据这一点和式(2-1),不难对所需的传感器准确度作出选择。

(4)某些特殊要求应如何达到

在某些称重系统中,可能有一些特殊的要求,例如轨道衡器中希望称重传感器的弹性变形量要小一些,从而可以使秤台在称量时的下沉量小些,使得货车在驶入和驶出秤台时,减小冲击和振动。另外,在构成动态称重系统时,不免要考虑所用称重传感器的自振

频率是否能满足动态测量的要求。这些参数,在一般的产品介绍中是不予列出的,要了解这些技术参数时,应向制造商咨询,以免失误。

◆ 相关知识

电阻应变式传感器是一种电阻式传感器,是应用较早的测力的传感器,它的主要工作原理是基于电阻应变片的应变效应。电阻应变式传感器的优点是精度高,测量范围广,寿命长,结构简单,频响特性好,能在恶劣条件下工作,易于实现小型化、整体化和品种多样化等;缺点是对于大应变有较大的非线性、输出信号较弱,但可采取一定的补偿措施,因此广泛用于测量力、压力、扭矩、位移、加速度等物理量。下面介绍电阻应变式传感器的主要工作原理。

一、应变效应

导体或半导体材料在受到外界力(拉力或压力)作用时,将产生机械变形,机械变形会导致其电阻值变化,这种因形变而使其电阻值发生变化的现象称为"应变效应"。设有一根长度为 l、截面积为 S、电阻率为 ρ 的金属丝,其电阻 R 为

$$R = p \frac{l}{S} \tag{2-2}$$

当电阻丝受到轴向的拉力 F 作用时,将伸长 Δl,横截面积相应减小 ΔS,电阻率因材料晶格发生变形等因素影响而变成了 $\Delta\rho$,从而引起的电阻值相对变化量为

$$\frac{\Delta R}{R} = \frac{\Delta l}{l} - \frac{\Delta S}{S} + \frac{\Delta\rho}{\rho} \tag{2-3}$$

以微分表示为

$$\frac{\mathrm{d}R}{R} = \frac{\mathrm{d}l}{l} - \frac{\mathrm{d}S}{S} + \frac{\Delta\rho}{\rho} \tag{2-4}$$

式中,$\dfrac{\mathrm{d}l}{l}$ 为长度变化量,用 ε 表示,即

$$\varepsilon = \frac{\mathrm{d}l}{l}$$

式中,ε 为导体的纵向应变,其数值一般很小,常用 10^{-6} 表示。例如,当 ε 为 0.000 001 时,在工程中常表示为 1×10^{-6} 或 $\mu\mathrm{m/m}$。应变测量中也常将其称为微应变($\mu\varepsilon$)。

对于圆形截面金属电阻丝,截面积 $S = \pi r^2$,则

$$\frac{\mathrm{d}S}{S} = 2 \frac{\mathrm{d}r}{r} \tag{2-5}$$

此即为圆形截面电阻丝的截面积相对变化量。

r 为电阻丝的半径,$\mathrm{d}S = 2\pi r\mathrm{d}r$,则

$$\frac{\mathrm{d}r}{r} = \frac{1}{2} \frac{\mathrm{d}S}{S} \tag{2-6}$$

此即为金属电阻丝的径向应变。

$$\frac{\mathrm{d}r}{r} = \frac{1}{2} \frac{\mathrm{d}S}{S} = -\mu \frac{\mathrm{d}l}{l} = -\mu\varepsilon \tag{2-7}$$

式中,μ 为电阻丝材料的泊松比,负号表示应变方向相反。

电阻值的相对变化量为

$$\frac{\dfrac{\mathrm{d}R}{R}}{\varepsilon} = (1 + 2\mu) + \frac{\dfrac{\mathrm{d}\rho}{\rho}}{\varepsilon} \qquad (2-8)$$

把单位应变引起的电阻值变化量定义为电阻丝的灵敏系数 k,则

$$k = \frac{\dfrac{\Delta R}{R}}{\varepsilon} = 1 + 2\mu + \frac{\dfrac{\mathrm{d}\rho}{\rho}}{\varepsilon} \qquad (2-9)$$

灵敏系数 k 受两个因素影响:应变片受力后材料几何尺寸的变化,即$(1+2\mu)$;应变片受力后材料的电阻率发生的变化(压阻效应),即$(\mathrm{d}\rho/\rho)/\varepsilon$。

对金属材料来说,电阻丝灵敏度系数表达式中$(1+2\mu)$的值通常要比$(\mathrm{d}\rho/\rho)/\varepsilon$大得多,而半导体材料的$(\mathrm{d}\rho/\rho)/\varepsilon$项的值比$(1+2\mu)$大得多。实验表明,在电阻丝拉伸极限内,电阻的相对变化与应变成正比,即 k 为常数。

半导体应变片是用半导体材料制成的,其工作原理是基于半导体材料的压阻效应。

当半导体材料受到某一轴向外力作用时,其电阻率 ρ 发生变化的现象称为半导体材料的压阻效应。当半导体应变片受轴向力作用时,其电阻率的相对变化量为

$$\frac{\mathrm{d}\rho}{\rho} = \pi\sigma = \pi \cdot E \cdot \varepsilon \qquad (2-10)$$

其大小与半导体敏感元件在轴向所承受的应变力 σ 有关。

式中,π 为半导体材料的压阻系数;σ 为半导体材料所承受的应变力,$\sigma = E\varepsilon$;E 为半导体材料的弹性模量;ε 为半导体材料的应变。

所以,半导体应变片电阻值的相对变化量为

$$\frac{\mathrm{d}R}{R} = (1 + 2\mu + \pi E)\varepsilon \qquad (2-11)$$

一般情况下,πE 比$(1+2\mu)$大两个数量级(10^2)左右,略去$(1+2\mu)$,则半导体应变片的灵敏系数近似为

$$k = \frac{\dfrac{\mathrm{d}R}{R}}{\varepsilon} \approx \pi E \qquad (2-12)$$

测量应变或应力时,在外力作用下,引起被测对象产生微小机械变形,从而使得应变片电阻值发生相应变化。所以,只要测得应变片电阻值的变化量 ΔR,便可得到被测对象的应变值 ε,从而求出被测对象的应力 σ 为

$$\sigma = E\varepsilon \qquad (2-13)$$

因为 $\sigma \propto \varepsilon$,所以 $\sigma \propto \Delta R$,用电阻应变片测量应变的基本原理也就是基于此。

二、应变片的结构、种类及其粘贴

1. 应变片的基本结构
应变片由基底、敏感栅、盖片、引线和黏合剂等组成(如图 2-4 所示)。这些部分所选

用的材料将直接影响应变片的性能。因此,应根据使用条件和要求合理地选择。

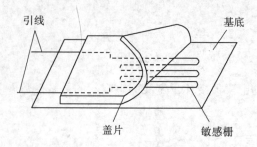

图2-4　金属电阻应变片结构

(1)敏感栅

敏感栅是应变片内实现应变—电阻转换最重要的传感元件,一般采用栅丝直径为 0.015～0.05 mm 的金属细丝绕成栅形。电阻应变片的电阻值有 60 Ω、120 Ω、200 Ω 等多种规格,以 120 Ω 最为常用。应变片的栅长大小关系到所测应变的准确度,应变片测得的应变大小是应变片栅长和栅宽所在面积内的平均轴向应变量。

对敏感栅材料的要求如下:

①应变灵敏系数大,并在所测应变范围内保持为常数。

②电阻率高且稳定,以便于制造小栅长的应变片。

③电阻温度系数小。

④抗氧化能力高,耐腐蚀性能强。

⑤在工作温度范围内能保持足够的抗拉强度。

⑥加工性能良好,易于拉制成丝或轧压成箔材。

⑦易于焊接,对引线材料的热电动势小。

对应变片的要求:必须根据实际使用情况,合理选择。

(2)基底和盖片

基底用于保持敏感栅、引线的几何形状和相对位置,并将被测件上的应变迅速而准确地传递到敏感栅上,因此基底做得很薄,一般为 0.02～0.4 mm。盖片起防潮、防腐、防损的作用,用以保护敏感栅。基底和盖片用专门的薄纸制成的称为纸基,用各种黏合剂和有机树脂薄膜制成的称为胶基,现多采用后者。

(3)引线

引线是从应变片的敏感栅中引出的细金属线。对引线材料的性能要求为电阻率低、电阻温度系数小、抗氧化性能好、易于焊接。大多数敏感栅材料都可制作引线。

(4)黏合剂

黏合剂用于将敏感栅固定于基底上,并将盖片与基底粘贴在一起。使用金属应变片时,也需用黏合剂将应变片基底粘贴在构件表面某个方向和位置上,以便将构件受力后的表面应变传递给应变计的基底和敏感栅。

2.应变片的种类

根据电阻应变片所使用的材料不同,电阻应变片可分为金属电阻应变片和半导体应变片两大类。金属电阻应变片可分为金属丝式应变片、金属箔式应变片、金属薄膜式应变片;半导体应变片可分为体型半导体应变片、扩散型半导体应变片、薄膜型半导体应变片、PN 结元件等。其中,最常用的是金属箔式应变片、金属丝式应变片和半导体应变片。

（1）金属丝式应变片

电阻丝式应变片的敏感元件是丝栅状的金属丝,它可以制成 U 形、V 形和 H 形等多种形状。电阻丝式应变片因使用的基片材质不同又可以分为纸基、纸浸胶基和胶基等种类。

（2）箔式应变片

箔式应变片的敏感栅是由很薄的金属箔片制成的,厚度只有 0.01 ~ 0.10 mm,采用光刻、腐蚀等技术制作。箔式应变片的横向部分特别粗,可大大减少横向效应,且敏感栅的粘贴面积大,能更好地随同试件变形。

此外,与金属丝式应变片相比,箔式应变片具有下列优点:

①制造工艺能保证线栅的尺寸正确,线条均匀,成批生产时电阻值离散度小,能制成任意形状以适应不同的测量要求。电阻线栅的基长可做得很小(最小的目前已达 0.2 mm)。

②横向效应很小。

③允许电流大。

④柔性好、蠕变小、疲劳寿命长。可贴在形状复杂的试件上,与试件的接触面积大,黏结牢固,能很好地随同试件变形,在受交变载荷时疲劳寿命长,蠕变也小。

⑤生产效率高。便于实现生产工艺自动化,从而提高生产率,减轻工人的劳动强度,价格便宜。

箔式应变片的使用范围日益扩大,已逐渐取代丝式应变片而占据了主要的地位。但需要注意,箔式应变片电阻值的分散性要比丝式应变片的大,有的能相差几十欧姆,故需要进行阻值的调整。

（3）半导体式应变片

半导体式应变片采用锗或硅等半导体材料作为敏感栅,其灵敏系数大、机械滞后小、频率响应快、阻值范围宽(可以从几欧到几十千欧),易于做成小型和超小型;但热稳定性差,测量误差较大。

图 2 - 5 为几种常用的应变片基本形式。

（a）金属箔式应变片　　　　（b）金属丝式应变片　　　　（c）半导体式应变片

图 2 - 5　几种常用的应变片基本形式

3.应变片的粘贴技术

黏合剂在很大程度上影响着应变片的工作特性,如蠕变、滞后、零漂、灵敏度、线性以及影响这些特性随时间、温度变化的程度。可见,在粘贴时必须合理选择黏合剂,遵循正确的黏结工艺,保证粘贴质量,这与电阻应变片的测量精度有极其重要的关系。

选择黏合剂必须适合应变片材料和被试件材料,不仅要求黏结力强,黏结后机械性能可靠,而且黏合层要有足够大的剪切弹性模量,良好的电气绝缘性,蠕变和滞后小,耐湿、耐油、耐老化,动应力测量时耐疲劳等。此外,还要考虑到应变片的工作条件,如温度、相对湿度、稳定性要求、粘贴时间长短的要求以及贴片固化时加热加压的可能性等。常用的黏合剂类型有硝化纤维素型、氰基丙烯酸型、聚酯树脂型、环氧树脂类和酚醛树脂类等。

三、温度误差及补偿

1.温度误差

(1)应变片的电阻丝(敏感栅)温度系数的影响

敏感栅的电阻丝阻值随温度变化的关系可用下式表示:

$$R_t = R_0(1 + \alpha_0 \Delta t) \tag{2-14}$$

式中,R_t 为温度 t℃时的电阻值;R_0 为温度 t_0℃时的电阻值;α_0 为温度 t_0℃时金属丝的电阻温度系数;Δt 为温度变化值,$\Delta t = t - t_0$。

当温度变化 Δt 时,电阻丝电阻的变化值为

$$\Delta R_t = R_t - R_0 = R_0 \alpha_0 \Delta t \tag{2-15}$$

(2)测试材料和电阻丝材料的线膨胀系数的影响

当试件与电阻丝材料的线膨胀系数相同时,不论环境温度如何变化,电阻丝的变形仍和自由状态一样,不会产生附加变形。当试件和电阻丝的线膨胀系数不同时,由于环境温度的变化,电阻丝会产生附加变形,从而产生附加电阻。

设电阻丝和试件在温度为 0℃时的长度均为 L_0,它们的膨胀系数分别为 β_s 和 β_g,若两者不粘贴,则它们的长度分别为

$$L_s = L_0(1 + \beta_s \Delta t) \tag{2-16}$$

$$L_g = L_0(1 + \beta_g \Delta t) \tag{2-17}$$

当二者粘贴在一起时,电阻丝产生的附加形变为 ΔL,附加应变和 ε_β 及附加电阻变化 ΔR_β 分别为

$$\Delta L = L_g - L_s = (\beta_g - \beta_s)L_0 \Delta t$$

$$\varepsilon_\beta = \frac{\Delta L}{L_0} = (\beta_g - \beta_s)\Delta t$$

$$\Delta R_\beta = k_0 R_0 \varepsilon_\beta = k_0 R_0 (\beta_g - \beta_s)\Delta t \tag{2-18}$$

由上述各式可得,由于温度变化而引起应变片总电阻的相对变化量为

$$\frac{\Delta R_t}{R_0} = \frac{\Delta R_\alpha + \Delta R_\beta}{R_0} = \alpha_0 \Delta t + k_0(\beta_g - \beta_s)\Delta t = [\alpha_0 + k_0(\beta_g - \beta_s)]\Delta t \tag{2-19}$$

折合成附加应变量或虚假应变量 ε_t,有

$$\varepsilon_t = \frac{\Delta R_t}{k_0} = \frac{\alpha_0}{k_0} + (\beta_g - \beta_s)\Delta t \qquad (2-20)$$

2. 温度误差的补偿方法

电阻应变片的温度补偿方法通常有应变片自补偿法和线路补偿法两种。

(1)应变片自补偿法

粘贴在被测部位上的是一种特殊应变片,当温度变化时,产生的附加应变为 0 或相互抵消,这种特殊的应变片称为温度自补偿应变片。利用温度自补偿应变片来实现温度补偿的方法称为应变片自补偿法。这种补偿方法是利用自身具有温度补偿作用的应变片来进行补偿的。

①选择式自补偿法(又称单丝自补偿法)

由式(2-19)可知,欲使 $\Delta R/R$ 不受 Δt 的影响,需满足:

$$\alpha_0 = -k_0(\beta_g - \beta_s) \qquad (2-21)$$

因此,被测试件的线膨胀系数 β_g 已知时,如果合理选择敏感栅材料,即其电阻温度系数 α_0、灵敏系数 k 及线膨胀系数 β_s 满足式(2-20),则不论温度如何变化,均有 $\Delta R/R = 0$,从而达到了温度自补偿的目的。

②组合式自补偿(又称双丝自补偿法)

采用这种补偿方法的应变片,其敏感栅是由两种不同温度系数的金属电阻丝串接而成的。这两种不同的温度系数可以是相同符号,也可以是不同符号。

a. 二者具有不同符号的电阻温度系数

利用两种电阻丝材料的电阻温度系数符号不同(一个为正,另一个为负)的特性,可将二者串联绕制成敏感栅,如图 2-6(a)所示。若两段敏感栅的电阻 R_1 和 R_2 由于温度变化而产生的电阻变化为 ΔR_{1t} 和 ΔR_{2t},大小相等的温度补偿,而符号相反,就可以实现:

$$\Delta R_{1t} = -\Delta R_{2t} \qquad (2-22)$$

$$\frac{R_1}{R_2} = -\frac{\dfrac{\Delta R_{2t}}{R_2}}{\dfrac{\Delta R_{1t}}{R_1}} \qquad (2-23)$$

通过调节两种电阻丝的长度,即可调整 R_1 和 R_2 的比例,从而控制应变片的温度补偿。这种方法的补偿效果比选择式自补偿法好,精度较高,在工作温度范围内通常可达到 $\pm 0.14\ \mu\varepsilon/℃$。

b. 二者具有相同符号的电阻温度系数

应变片由两种具有相同符号温度系数的电阻丝串联而成,两者可以都为正或都为负。将它们形成的两个电阻分别接入电桥相邻的两桥臂上,得到如图 2-6(b)所示的电桥连接方式。

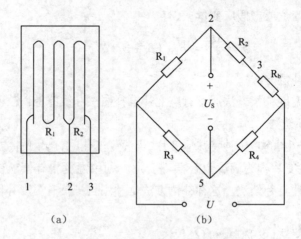

（a）   （b）

图2-6   组合式自补偿法

图2-6中，R_1 是工作臂，R_2 与温度系数很小的附加电阻 R_b 串联组成补偿臂。调节 R_1 和 R_2 的长度比及 R_b 的阻值，使之满足条件：

$$\frac{\Delta R_{1t}}{R_1} = \frac{\Delta R_{2t}}{R_2 + R_b}$$

则

$$R_b = R_1 \frac{\Delta R_{2t}}{\Delta R_{1t}} - R_2 \tag{2-24}$$

（2）线路补偿法

电桥补偿是最常用且效果较好的线路补偿。图2-7（a）是电桥补偿法的原理图。电桥输出电压 U_o 与桥臂参数的关系为

$$U_o = A(R_1 R_4 - R_b R_3)$$

式中，A 为由桥臂电阻和电源电压决定的常数。由上式可知，R_3 和 R_4 为常数时，R_1 和 R_b 对电桥输出电压 U_o 的作用方向相反。利用这一基本关系可实现对温度的补偿。

测量应变时，工作应变片 R_1 粘贴在被测试件表面上，补偿应变片 R_b 粘贴在与被测试件材料完全相同的补偿块上，且仅工作应变片承受应变，如图2-7（b）所示。

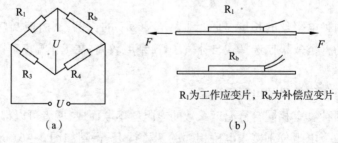

R_1为工作应变片，R_b为补偿应变片

（a）   （b）

图2-7   线路补偿法

当被测试件不承受应变时，R_1 和 R_b 又处于同一环境温度为力的温度场中，调整电桥参数使之达到平衡，此时有

$$U_o = A(R_1 R_4 - R_b R_3) = 0$$

工程上,一般按 $R_1 = R_b = R_3 = R_4$ 选取桥臂电阻。当温度升高或降低 Δt 时,两个应变片因温度相同而引起的电阻变化量相等,电桥仍处于平衡状态,也就是有

$$U_o = A\left[\left(R_1 + \Delta R_4 - R_b R_3\right)\right] = 0$$

若此时被测试件有应变 ε 的作用,则工作应变片的阻值 R_1 有新的增量 $\Delta R_1 = R_1 k\varepsilon$,而补偿片因不承受应变而不产生新的增量,此时电桥输出电压为

$$U_o = A R_1 R_4 k\varepsilon$$

由上式可知,电桥的输出电压 U_o 仅与被测试件的应变 ε 有关,而与环境温度无关。

应当指出,若要实现完全补偿,上述分析过程必须满足以下 4 个条件:

①在应变片工作过程中,保证其阻值 $R_3 = R_4$。

②两个应变片 R_1 和 R_b 应具有相同的电阻温度系数 α、线膨胀系数 β、应变灵敏度系数 k 和初始电阻值 R_0。

③粘贴补偿片的补偿块材料和粘贴工作片的被测试件材料必须一样,二者线膨胀系数相同。

④两应变片应处于同一温度场。

在应变测试的某些条件下,可通过改变应变片的粘贴位置实现温度补偿,同时还可提高应变片的灵敏系数。如图 2-8(a)所示,测量梁的弯曲应变时,将两个应变片 R_1 和 R_b 分别粘于梁上、下两面的对称位置,按图 2-7(a)所示接入电桥电路中。在外力 F 的作用下,梁上面受拉,下面受压,R_b 与 R_1 的电阻变化值大小相等、符号相反,电桥的输出电压将增加 1 倍,此时 R_b 既起到了温度补偿的作用又提高了灵敏度,故输出电压 U_o 不受温度变化影响,这样就起到了温度补偿的作用。

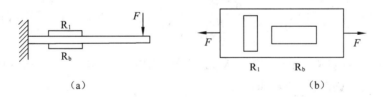

（a）　　　　　　　　　　　　（b）

图 2-8　差动电桥补偿法

四、测量转换电路

基本直流电桥电路如图 2-9(a)所示,图中 U 为电源电压,R_1、R_2、R_3 及 R_4 为桥臂电阻,其输出电压 U_o 为

$$U_o = U\left(\frac{R_1}{R_1 + R_2} - \frac{R_3}{R_3 + R_4}\right) \tag{2-25}$$

当电桥平衡时 $U_o = 0$,则有

$$R_1 R_4 = R_2 R_3$$

$$\frac{R_1}{R_2} = \frac{R_3}{R_4} \tag{2-26}$$

式(2-26)就是直流电桥的平衡条件。显然,欲使电桥平衡,其相邻两臂电阻的比值应相等,或相对两臂电阻的乘积相等。

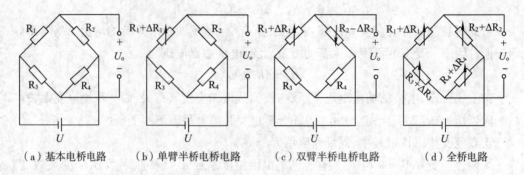

| (a)基本电桥电路 | (b)单臂半桥电桥电路 | (c)双臂半桥电桥电路 | (d)全桥电路 |

图2-9 直流电桥

1.单臂半桥工作方式

令 R_1 为电阻应变片,R_2、R_3、R_4 为电桥固定电阻,这就构成了单臂电桥,如图2-9(b)所示。应变片工作时,其电阻值变化很小,电桥相应输出电压也很小,一般需要加入放大器进行放大。放大器的输入阻抗比桥路输出阻抗高很多,因此电桥输出近似于开路情况。当产生应变时,若应变片电阻值变化为 ΔR_1,其他桥臂固定不变,电桥输出电压 $U_o \neq 0$,则电桥不平衡输出电压为

$$U_o = U\left(\frac{R_1 + \Delta R_1}{R_1 + \Delta R_1 + R_2} - \frac{R_3}{R_3 + R_4}\right) = U\left(\frac{\Delta R_1 R_4}{(R_1 + \Delta R_1 + R_2)(R_3 + R_4)}\right)$$

$$= U\frac{\dfrac{R_4}{R_3}\dfrac{\Delta R_1}{R_1}}{\left(1 + \dfrac{\Delta R_1}{R_1} + \dfrac{R_2}{R_1}\right)\left(1 + \dfrac{R_4}{R_3}\right)} \tag{2-27}$$

设桥臂比 $n = R_2/R_1$,通常 $\Delta R_1 \ll R_1$,忽略分母中的 $\Delta R_1/R_1$ 项,并考虑到电桥平衡条件 $R_2/R_1 = R_4/R_3$,则式(2-27)可写为

$$U_o = U\frac{n}{(1+n)^2}\frac{\Delta R_1}{R_1} \tag{2-28}$$

电桥电压灵敏度定义为

$$k_U = \frac{U_o}{\dfrac{\Delta R_1}{R_1}} = U\frac{n}{(1+n)^2} \tag{2-29}$$

从式(2-29)可以看出:

(1)电桥电压灵敏度正比于电桥供电电压 U,供电电压越高,电桥电压灵敏度就越高,而供电电压的提高受到应变片允许功耗的限制,所以要适当选择。

(2)电桥电压灵敏度是桥臂电阻比值 n 的函数,恰当地选择桥臂比 n 的值,可以保证电桥具有较高的电压灵敏度。

令 $\dfrac{\mathrm{d}k_U}{\mathrm{d}n} = 0$,则

$$\frac{\mathrm{d}k_U}{\mathrm{d}n} = \frac{1-n^2}{(1+n)^4} = 0 \qquad (2-30)$$

可求得 $n=1$ 时,k_U 有最大值。即在电桥电压确定后,当 $R_1 = R_2 = R_3 = R_4$ 时,电桥电压灵敏度 k_U 最高,即

$$U_o = \frac{U}{4} \cdot \frac{\Delta R_1}{R_1} \qquad (2-31)$$

$$k_{U\max} = \frac{U}{4} \qquad (2-32)$$

可以看出,当电源电压 U 和电阻相对变化量 $\Delta R_1 / R_1$ 一定时,电桥的输出电压及其灵敏度也是定值,并且与各桥臂电阻值大小无关。因此,单臂半桥的输出电压为

$$U_o = \frac{U}{4} \cdot \frac{\Delta R_1}{R_1} = \frac{1}{4}k\varepsilon \qquad (2-33)$$

式中,ε 为测量电路上感受的应变;k 为敏感系数。

$$k\varepsilon = \frac{\Delta R_1}{R_1} \qquad (2-34)$$

2. 双臂半桥工作方式

当两个桥臂的电阻发生变化(即将两个应变计接入电桥的两个相邻臂时),如图 2-9 (c)所示,假设桥臂 R_1 的阻值变为 $(R_1 + \Delta R_1)$,而桥臂 R_2 的阻值变为 $(R_2 - \Delta R_2)$,即一个应变计受拉力,另一个受压力,且 $R_1 = R_2 = R_3 = R_4$ 和 $\Delta R_1 = \Delta R_2$,这种电桥称为双臂半桥工作电桥。两个相邻的应变计一个受拉、另一个受压构成的电桥又称为差动电桥。电桥的输出电压为

$$U_o = \left(\frac{\Delta R_1 + R_1}{\Delta R_1 + R_1 + R_2 - \Delta R_2} - \frac{R_3}{R_3 + R_4} \right) U \qquad (2-35)$$

化简得

$$U_0 = \frac{U}{2} \frac{\Delta R_1}{R_1} = \frac{U}{2}k\varepsilon \qquad (2-36)$$

此时电路输出电压 U_o 与 $\Delta R_1 / R_1$ 成线性关系,无非线性误差,电压灵敏度 $k_{U\max} = \frac{U}{2}$,是单臂工作时的 2 倍,此外电路还具有温度补偿作用。

3. 全桥工作方式

若将电桥四臂均接入应变片,如图 2-9(d)所示,即两个受拉应变,两个受压应变,将两个应变符号相同的接入相对桥臂上,就构成全桥差动电路。若 $\Delta R_1 = \Delta R_2 = \Delta R_3 = \Delta R_4$,且 $R_1 = R_2 = R_3 = R_4$,则

$$U_o = \frac{\Delta R_1}{R_1}U$$

$$k_U = U \qquad (2-37)$$

此时电路输出电压 U_o 与 $\Delta R_1 / R_1$ 仍是线性关系,且电压灵敏度 $k_U = U$,是单臂工作时的 4 倍,灵敏度最高。此时应变片的温度误差和非线性误差相互抵消,测量精度也较高。

用全桥电路测量还有一个优点:如果有温度变化,由于相邻的应变片具有相同的电阻温度误差,它们产生的附加温度电压因相减而抵消,实现了温度自动补偿。

直流电桥的优点是:①所需要的高稳定度直流电源易于获得;②在测量静态或准静态物理量时,输出量是直流量,可用于直流电表测量,精度较高;③电桥调节平衡电路简单,只需对纯电阻加以调整即可;④对传感器及测量电路的连接导线要求低,分布参数影响小。

任务2 压电式传感器测量力

‖任务描述‖

压电式传感器是一种有源的双向机电传感器,其工作原理是基于压电材料的压电效应。

压电式传感器具有体积小、质量轻、结构简单、工作可靠、测量频率范围广等优点,但它不能测量频率太低的被测量,更不能测量静态量,目前多用于加速度和动态力(或压力)的测量。

‖任务目标‖

- 学会压电式传感器的功能测试方法
- 了解压电式传感器选用原则
- 学会压电式传感器的应用场合和应用方法

‖任务分析‖

压电材料是一种典型的力敏感元件,可用来测量最终转换为力的多种物理量。在检测技术中,压电元件常用来测量力和加速度,因此压电式传感器应用非常广泛,广泛存在于生活与工业生产中。本任务以敲击式门铃为例来讲解压电式传感器的原理。

随着科学技术的进步,电子行业迅速发展,推动了电子产品的不断产生和更新,大大提高了人们的生活水平。电子门铃的出现给人们的日常生活带来了许多方便,简单的电子门铃在日常生活中应用越来越广泛。人们能够通过电子门铃的提示音快速知道有客人来访,为客人打开房门,在方便客人的同时也方便了自己,成为居家不可缺少的家用电子设备。

敲击式门铃不使用一般的电子门铃所需的按钮,当有客人来访时,只要用手轻轻敲击房门,室内的电子门铃就会发出"叮咚"声,提醒我们去给客人开门。

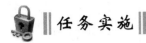 **任务实施**

一、任务准备

KD2538 是采用 CMOS 制作工艺、标准黑膏软封装的语音集成电路,该芯片内储"叮咚"等提示语音,广泛应用于报警器、电子门铃等领域。利用 KD2538 构成的敲击式电子门铃电路典型电路,如图 2-10 所示。该装置不使用一般电子门铃所需的按钮,当有客人来访时,只要用手轻轻敲击房门,室内的电子门铃就会发出清脆的"叮咚"声,提醒主人有客人到访。

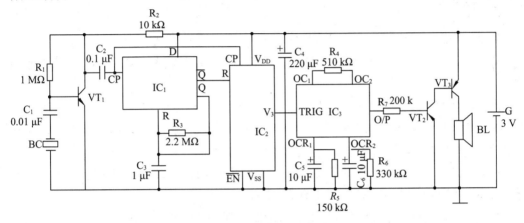

图 2-10 利用 KD2538 构成的敲击式电子门铃典型电路

二、任务实施

1. 电路结构及主要元器件选择

由图 2-10 可知,该敲击式电子门铃电路由电源电路、拾音电路、单稳态触发器电路、脉冲计数器电路和语音电路等部分组成。其中,电源电路由电池 G 和滤波电容 C_4 组成。实际应用时,G 选用两节 5 号电池串联供电。

拾音电路由压电陶瓷片 BC、晶体管 VT_1、电阻器 R_1 与 R_2 和电容器 C_1 组成。实际应用时,BC 选用带助声腔的压电陶瓷片;VT_1 选用 S9014 型硅 NPN 晶体管。

单稳态触发器电路由双 D 触发器集成电路 IC_1 内部的一个 D 触发器和有关外围元件组成。实际应用时,IC_1 选用 CD4013 型双 D 触发器集成电路。

脉冲计数器电路由十进制脉冲计数器集成电路 IC_2 和有关外围元件组成。实际应用时,IC_2 选用 CD4017 型十进制脉冲计数器集成电路。

语音电路由语音集成电路 IC_3 及电阻器 $R_4 \sim R_7$,电容器 C_5、C_6 等外围元件,晶体管 VT_2、VT_3,扬声器 BL 组成。实际应用时,IC_3 选用 KD2538 型语音集成电路;VT_2 选用 59013 型硅 NPN 晶体管;VT_3 选用 S9012 型硅 PNP 晶体管;BL 选用 0.25 W、8 Ω 的微型电动式扬声器。

2. 工作原理

电路通电后,有客人来访并用手敲击房门时,压电陶瓷片 BC 受到机械振动后,其两端产生感应电压(感应效应),该电压经 VT_1 放大后,作为触发电平加至 IC_1 和 IC_2 的 CP端,使单稳态触发器翻转,IC_1 的输出端输出低电平脉冲至 IC_2 的 R 端,IC_2 开始对敲击脉冲进行计数。延时 1 s 后,IC_1 的输出端恢复为高电平,IC_2 停止计数。当 1 s 内敲击次超过 3 次时,IC_2 的输出端会产生高电平脉冲,触发语音集成电路 IC_3 工作,IC_3 的 O/P 端输出语音电平信号,该信号经 VT_2、VT_3 放大后,推动扬声器 BL 发出"叮咚"声。无客人来访时,BC 两端无感应电压,即 $IC_1 \sim IC_3$ 均不工作,VT_2 和 VT_3 均截止,电路处于监控状态。

三、任务检测

1. $R_1 \sim R_7$ 均选用 RTX – 1/8W 碳膜电阻器。

2. $C_1 \sim C_3$ 均选用涤纶电容器或独石电容器;$C_4 \sim C_6$ 均选用 CD11 – 16 V 的电解电容器。

3. VT_1 用 9014 或 3DG8 型硅 NPN 小功率三极管,要求电流放大系数 $\beta \geqslant 150$;VT_2 选用 9013 或 3DG12.3DK4 型硅 NPN 中功率三极管,要求电流放大系数 $\beta \geqslant 100$;VT_3 选用 9012 型硅 PNP 中功率三极管,要求电流放大系数 $\beta \geqslant 50$。

4. IC_1 选用 CD4013 双 D 触发器数字集成电路;IC_2 选用 CD4017 十进制计数分频器数字集成电路;IC_3 选用 KD2538 音乐集成电路。

5. BL 选用 0.25 W、8 Ω 微型电动式扬声器。BC 用直径为 27 mm 的压电陶瓷片,如FT – 27 等型号。G 用两节 5 号干电池串联而成,电压 3 V。

相关知识

压电式传感器的工作原理主要是基于压电效应,下面介绍压电式传感器的主要工作原理。

一、压电效应及压电材料

某些电介质,当沿着一定方向对其施力而使它变形时,内部就产生极化现象,同时在它的两个表面上便产生符号相反的电荷,外力去掉后又重新恢复到不带电状态。这种现象称为压电效应。作用力方向改变时,电荷的极性也随之改变。有时人们把这种机械能转换为电能的现象称为"正压电效应"。相反,当在电介质极化方向施加电场,这些电介质也会产生几何变形,这种现象称为"逆压电效应"(电致伸缩效应)。具有压电效应的材料称为压电材料,压电材料能实现机—电能量的相互转换,如图 2 – 11 所示。

在自然界中大多数晶体都具有压电效应,但其压电效应十分微弱。随着对材料的深入研究,发现石英晶体、钛酸钡、锆钛酸铅等材料是性能优良的压电材料。

图 2 – 11 压电效应可逆性

压电材料可以分为两大类:压电晶体和压电陶瓷。

压电材料的主要特性参数有:

①压电常数:压电常数是衡量材料压电效应强弱的参数,直接关系到压电输出灵敏度。

②弹性常数:压电材料的弹性常数、刚度决定着压电器件的固有频率和动态特性。

③介电常数:对于一定形状、尺寸的压电元件,其固有电容与介电常数有关;而固有电容又影响着压电传感器的频率下限。

④机械耦合系数:它的意义是,在压电效应中,转换输出能量(如电能)与输入的能量(如机械能)之比的平方根。它是衡量压电材料机—电能量转换效率的重要参数。

⑤电阻:压电材料的绝缘电阻将减少电荷泄漏,从而改善压电传感器的低频特性。

⑥居里点温度:它是指压电材料开始丧失压电特性的温度。

1. 石英晶体

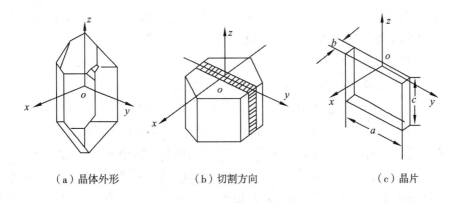

（a）晶体外形　　　　（b）切割方向　　　　（c）晶片

图 2 – 12　石英晶体

石英晶体化学式为 SiO_2,是单晶体结构。图 2 – 12(a)表示天然结构的石英晶体外形,它是一个正六面体。石英晶体各个方向的特性是不同的。其中,纵向轴 z 称为光轴,经过六面体棱线并垂直于光轴的 x 称为电轴,与 x 和 z 轴同时垂直的轴 y 称为机械轴。通常把沿电轴 x 方向的力作用下产生电荷的压电效应称为"纵向压电效应",而把沿机械轴 y 方向的力作用下产生电荷的压电效应称为"横向压电效应"。而沿光轴 z 方向的力作用时不产生压电效应。

若从晶体上沿 y 方向切下一块如图 2 – 12(c)所示的晶片,当沿电轴方向施加作用力 F_x 时,在与电轴 x 垂直的平面上将产生电荷,其大小为

$$q_x = d_{11} F_x$$

式中,d_{11} 为 x 方向受力的压电系数。

若在同一切片上,沿机械轴 y 方向施加作用力 F_y,则仍在与 x 轴垂直的平面上产生电荷 q_y,其大小为

$$q_y = d_{12} \frac{a}{b} F_y$$

式中,d_{12} 是 y 轴方向受力的压电系数,根据石英晶体的对称性,有 $d_{12} = -d_{11}$;a、b 分别为晶体切片的长度和厚度。

电荷 q_x 和 q_y 的符号由受压力还是受拉力决定。

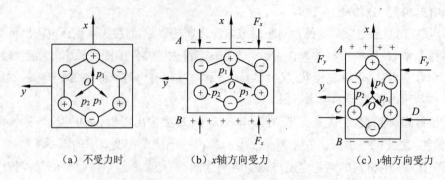

（a）不受力时　　　　　（b） x 轴方向受力　　　　　（c） y 轴方向受力

图 2 - 13　石英晶体压电模型

石英晶体的上述特性与其内部分子结构有关。图 2 - 13 是一个单元组体中构成石英晶体的硅离子和氧离子，在垂直于 z 轴的 xy 平面上的投影，等效为一个正六边形排列。图中"+"代表硅离子 Si^{4+}，"-"代表氧离子 O^{2-}。

当石英晶体未受外力作用时，正、负离子正好分布在正六边形的顶角上，形成三个互成 120° 夹角的电偶极矩 p_1、p_2、p_3，如图 2 - 13（a）所示。

因为 $p = ql$，q 为电荷量，l 为正、负电荷之间距离。此时正、负电荷重心重合，电偶极矩的矢量和等于 0，即 $p_1 + p_2 + p_3 = 0$，所以晶体表面不产生电荷，即呈中性。

当石英晶体受到沿 x 轴方向的压力作用时，晶体沿 x 方向将产生压缩变形，正、负离子的相对位置也随之变动，如图 2 - 13（b）所示，此时正负电荷重心不再重合，电偶极矩在 x 方向上的分量由于 p_1 的减小和 p_2、p_3 的增加而不等于 0。在 x 轴的正方向出现负电荷，电偶极矩在 y 方向上的分量仍为 0，不出现电荷。

当晶体受到沿 y 轴方向的压力作用时，晶体的变形如图 2 - 13（c）所示。与图 2 - 13（b）情况相似，p_1 增大，p_2、p_3 减小。在 x 轴上出现电荷，它的极性为 x 轴正向为正电荷。在 y 轴方向上仍不出现电荷。

如果沿 z 轴方向施加作用力，因为晶体在 x 方向和 y 方向所产生的形变完全相同，所以正、负电荷重心保持重合，电偶极矩矢量和等于 0。这表明沿 z 轴方向施加作用力，晶体不会产生压电效应。

当作用力 F_x、F_y 的方向相反时，电荷的极性也随之改变。

2. 压电陶瓷

压电陶瓷是人工制造的多晶体压电材料。材料内部的晶粒有许多自发极化的电畴，它有一定的极化方向，从而存在电场。在无外电场作用时，电畴在晶体中杂乱分布，它们各自的极化效应被相互抵消，压电陶瓷内极化强度为 0。因此，原始的压电陶瓷呈中性，不具有压电性质，如图 2 - 14（a）所示。

在陶瓷上施加外电场时，电畴的极化方向发生转动，趋向于按外电场的方向排列，从而使材料得到极化。外电场越强，就有越多的电畴更完全地转向外电场方向。让外电场强度大到使材料的极化达到饱和的程度，即所有电畴极化方向都整齐地与外电场方向一致时,当外电场去掉后,电畴的极化方向基本变化,即剩余极化强度很大,这时的材料才具有压电特性,如图 2－14(b)所示。

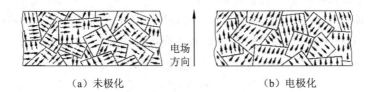

（a）未极化　　　　　　　　　　　　（b）电极化

图 2－14　压电陶瓷的极化

极化处理后,陶瓷材料内部存在很强的剩余极化,当陶瓷材料受到外力作用时,电畴的界限发生移动,电畴发生偏转,从而引起剩余极化强度的变化,因而在垂直于极化方向的平面上将出现极化电荷的变化。这种因受力而产生的由机械效应转变为电效应,将机械能转变为电能的现象,就是压电陶瓷的正压电效应。电荷量的大小与外力成如下的正比关系:

$$q = d_{33}F$$

式中,d_{33} 为压电陶瓷的压电系数;F 为作用力。

压电陶瓷的压电系数比石英晶体大得多,所以采用压电陶瓷制作的压电式传感器的灵敏度较高。极化处理后的压电陶瓷材料的剩余极化强度和特性与温度有关,它的参数也随时间变化,从而使其压电特性减弱。

最早使用的压电陶瓷材料是钛酸钡($BaTiO_3$)。它是由碳酸钡和二氧化钛按1:1摩尔分子比例混合后烧结而成的。它的压电系数约为石英的 50 倍,但居里点温度只有115 ℃,使用温度不超过 70 ℃,温度稳定性和机械强度都不如石英。

目前使用较多的压电陶瓷材料是锆钛酸铅(PZT)系列,它是钛酸铅($PbTiO_2$)和锆酸铅($PbZrO_3$)组成的[$Pb(ZrTi)O_3$],居里点在 300 ℃以上,性能稳定,有较高的介电常数和压电系数。

铌镁酸铅是 20 世纪 60 年代发展起来的压电陶瓷。它是由铌镁酸铅、锆酸铅($PbZrO_3$)和钛酸铅($PbTiO_3$)按不同比例配出的不同性能的压电陶瓷,具有极高的压电系数和较高的工作温度,而且能承受较高的压力。

3.压电式传感器

压电式传感器的基本原理就是利用压电材料的压电效应这个特性,即当有力作用在压电材料上时,传感器就有电荷(或电压)输出。

由于外力作用而在压电材料上产生的电荷只有在无泄漏的情况下才能保存,即需要测量回路具有无限大的输入阻抗,这实际上是不可能的,因此压电式传感器不能用于静态测量。压电材料在交变力的作用下,电荷可以不断补充,以供给测量回路一定的电流,故适用于动态测量。

单片压电元件产生的电荷量甚微,为了提高压电传感器的输出灵敏度,在实际应用中常采用两片(或两片以上)同型号的压电元件黏结在一起。压电材料的电荷是有极性的,因此接法也有两种。如图 2－15 所示,从作用力看,元件是串接的,因而每片受到的作用力相同,产生的变形和电荷数量大小都与单片时相同。图 2-15(a)是两个压电片的负端黏结在一起,中间插入的金属电极成为压电片的负极,正电极在两边的电极上。从电路上看,这是并联接法,类似两个电容的并联。所以,外力作用下正、负电极上的电荷量增加了 1 倍,电容量也增加了 1 倍,输出电压与单片时相同。图 2-15(b)是两压电片不同极性端黏结在一起,从电路上看是串联的,两压电片中间黏结处正、负电荷中和,上、下极板的电荷量与单片时相同,总电容量为单片的一半,输出电压增大了 1 倍。

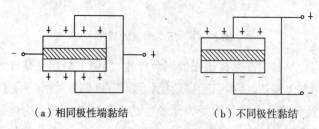

（a）相同极性端黏结　　　　　　　（b）不同极性黏结

图 2-15　压电元件连接方式

在上述两种接法中,并联接法输出电荷大,本身电容大,时间常数大,适宜用在测量慢变信号并且以电荷作为输出量的场合。而串联接法输出电压大,本身电容小,适宜用于以电压做输出信号并且测量电路输入阻抗很高的场合。

压电式传感器中的压电元件,按其受力和变形方式不同,大致有厚度变形、长度变形、体积变形和剪切变形等形式,如图 2-16 所示。目前,最常使用的是厚度变形的压缩式和剪切变形的剪切式两种。

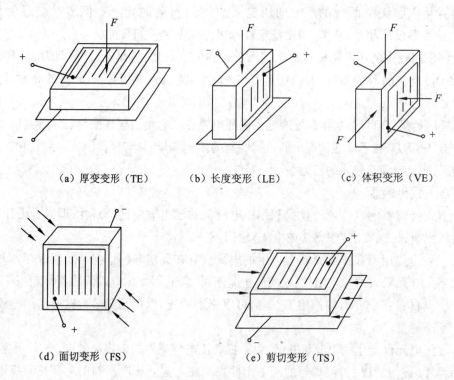

（a）厚变变形（TE）　　　（b）长度变形（LE）　　　（c）体积变形（VE）

（d）面切变形（FS）　　　　　　　（e）剪切变形（TS）

图 2-16　压电元件变形方式

压电式传感器在测量低压力时线性度不好,这主要是传感器受力系统中力传递系数为非线性所致,即低压力下力的传递损失较大。为此,在力传递系统中加入预加力,称预载。这除了消除低压力使用中的非线性外,还可以消除传感器内外接触表面的间隙,提高刚度。特别是,它只有在加预载后才能用压电传感器测量拉力和拉、压交变力及剪力和扭矩。

二、压电式传感器测量电路

1. 压电式传感器的等效电路

由压电元件的工作原理可知,压电式传感器可以看作一个电荷发生器。同时,它也是一个电容器,晶体上聚集正、负电荷的两表面相当于电容的两个极板,极板间物质等效于一种介质,则其电容量为

$$C_a = \frac{\varepsilon_r \varepsilon_0 A}{d} \qquad (2-38)$$

式中,A 为压电片的面积;d 为压电片的厚度;ε_r 为压电材料的相对介电常数。

因此,压电传感器可以等效为一个与电容相串联的电压源,如图 2-18(a)所示。电容器上的电压 U_a、电荷量 q 和电容量 C_a 三者的关系为

$$U_a = \frac{q}{C_a} \qquad (2-39)$$

压电传感器也可以等效为一个电荷源,如图 2-18(b)所示。

压电传感器在实际使用时总要与测量仪器或测量电路相连接,因此,还需考虑连接电缆的等效电容 C_c 的大小、放大器输入电阻 R_i 的大小、输入电容 C_i 的大小以及压电传感器的泄漏电阻 R_a 的大小。这样,压电传感器在测量系统中的实际等效电路如图 2-18 所示。

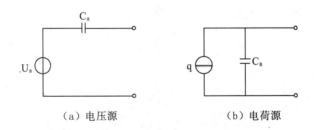

(a) 电压源　　　　　　　　　(b) 电荷源

图 2-17　压电元件的等效电路

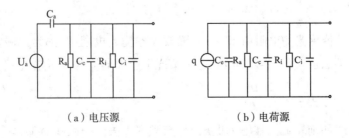

(a) 电压源　　　　　　　　　(b) 电荷源

图 2-18　压电传感器的实际等效电路

2．压电式传感器的测量电路

压电传感器本身的内阻抗很高而输出能量较小，因此，它的测量电路通常需要接入一个高输入阻抗前置放大器。其作用：一是把它的高输出阻抗变换为低输出阻抗；二是放大传感器输出的微弱信号。压电传感器的输出可以是电压信号，也可以是电荷信号，因此，前置放大器也有两种形式：电压放大器和电荷放大器。

（1）电压放大器（阻抗变换器）

图 2-19（a）（b）是电压放大器电路原理图及其等效电路。

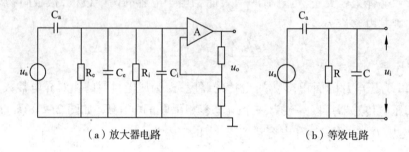

（a）放大器电路　　　　　（b）等效电路

图 2-19　电压放大器电路原理及其等效电路图

在图 2-19（b）中，电阻 $R = R_a R_i / (R_a + R_i)$，电容 $C = C_c + C_i$，而 $u_a = q/C_a$，
若压电元件受正弦力 $f = F_m \sin \omega t$ 的作用，则其电压为

$$u_a = \frac{dF_m}{C_a} \sin \omega t = U_m \sin \omega t \tag{2-40}$$

式中，U_m 为压电元件输出电压幅值，$U_m = dF_m/C_a$；d 是压电系数。

由此可得放大器输入端电压 U_i，其复数形式为

$$U_i = df \frac{\mathrm{j}\omega R}{1 + \mathrm{j}\omega R(C_a + C)} \tag{2-41}$$

U_i 的幅值 U_{im} 为

$$U_{im}(\omega) = \frac{dF_m \omega R}{\sqrt{1 + \omega^2 R^2 (C_a + C_c + C_i)^2}} \tag{2-42}$$

输入电压和作用力之间的相位差为

$$\Phi(\omega) = \frac{\pi}{2} - \arctan[\omega(C_a + C_c + C_i)R] \tag{2-43}$$

理想情况下，传感器的电阻值 R_a 与前置放大器输入电阻 R_i 都为无限大，即 $\omega(C_a + C_c + C_i)R \gg 1$，那么由式（2-42）可知，理想情况下放大器输入电压幅值 U_{im} 为

$$U_{im} = \frac{dF_m}{C_a + C_c + C_i} \tag{2-44}$$

式（2-44）表明前置放大器输入电压 U_{im} 与频率无关。一般在 $\omega/\omega_0 > 3$ 时，就可以认为 U_{im} 与 ω 无关，ω_0 表示测量电路时间常数之倒数，即

$$\omega_0 = \frac{1}{(C_a + C_c + C_i)R} \tag{2-45}$$

这表明压电传感器有很好的高频响应,但当作用于压电元件的力为静态力($\omega = 0$)时,前置放大器的输出电压等于0,因为电荷会通过放大器输入电阻和传感器本身漏电阻漏掉,所以压电传感器不能用于静态力的测量。

当 $\omega(C_a + C_c + C_i)R \gg 1$ 时,放大器输入电压 $U_{im} = \frac{dF_m}{C_a + C_c + C_i}$。式中,$C_c$ 为连接电缆电容,当电缆长度改变时,C_c 也将改变,因而 U_{im} 也随之变化。因此,压电传感器与前置放大器之间的连接电缆不能随意更换,否则将引入测量误差。

(2)电荷放大器

电荷放大器常作为压电传感器的输入电路,由一个反馈电容 C_f 和高增益运算放大器构成。由于运算放大器输入阻抗极高,放大器输入端几乎没有分流,故可略去并联电阻 R_a 和 R_i。

$$u_o \approx u_d = -\frac{q}{C_f} \tag{2-46}$$

式中,u_o 为放大器输出电压;C_f 为反馈电容两端电压。

由运算放大器基本特性,可求出电荷放大器的输出电压为

$$u_o = \frac{Aq}{C_a + C_c + C_i + (1+A)C_f} \tag{2-47}$$

通常 $A = 10^4 \sim 10^8$,因此,当满足 $(1+A)C_f \gg C_a + C_c + C_i$ 时,化简为

$$u_o \approx -\frac{q}{C_f} \tag{2-48}$$

由式(2-48)可见,电荷放大器的输出电压 u_o 只取决于输入电荷与反馈电容的值 C_f,与电缆电容值 C_c 无关,且与 q 成正比,这是电荷放大器的最大特点。为了得到必要的测量精度,要求反馈电容 C_f 的温度和时间稳定性都很好。在实际电路中,考虑到不同的量程等因素,C_f 的容量做成可选择的,电容值范围一般为 $100 \sim 10^4$ pF。

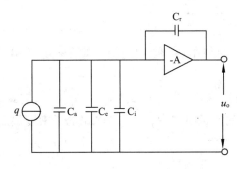

图 2-20 电荷放大器等效电路

 ‖单元小结‖ ....

本单元内容为力的测量,围绕力这个被测量的测量方式,主要介绍电阻应变式传感器

和压电式传感器。每种传感器通过任务驱动的方式来引入,介绍了两种传感器的工作原理以及测量电路及方法。

本单元知识点梳理

任务名称	知识点
任务 1　电阻应变式传感器测量力	1. 应变效应 2. 应变片的结构、种类与粘贴 3. 温度补偿 4. 测量电路
任务 2　压电式传感器测量力	1. 压电效应及压电材料 2. 压电传感器工作原理 3. 压电传感器的测量电路

综合测试

一、填空题

1. 应变式电阻传感器由_____和_____组成,其中_____是最核心的部件。

2. 电桥电路有_____、_____和_____三种接入方式。采用_____供电的是交流电桥。

3. 金属应变片的工作原理是基于_____效应,而半导体应变片是基于_____效应。

4. 由于力的作用而使物体表面产生电荷,这种效应称为_____,制成的传感器称为_____传感器,一般采用_____作为传感器的材料。

5. 压电式传感器不能测量_____的被测量,更不能测量_____,现在多用于测量_____。

二、选择题

1. 弹性敏感元件是一种利用(　　)把感受到的非电学量转换为电学量的(　　)元件。

   A. 变形　　　　B. 发热　　　　C. 敏感　　　　D. 转换

2. 应变式电阻传感器的测量电路中,(　　)电路的灵敏度最高。

   A. 单臂　　　　B. 双臂　　　　C. 全桥

3. 通常用应变式电阻传感器测量(　　)。

   A. 温度　　　　B. 密度　　　　C. 加速度　　　　D. 电阻

4. 压电片受力的方向与产生电荷的极性(　　)。

   A. 无关　　　　B. 有关　　　　C. 有时有关,有时无关

5. 压电式加速度传感器是适合测量(　　)信号的传感器。

A. 任意　　　　B. 直流　　　　C. 缓变　　　　D. 交流

三、简答题

1. 简述应变式电阻传感器测量电路的功能。

2. 应变式电阻称重传感器的工作原理是什么?

3. 压电式传感器为什么不能用于静态测量?

4. 实操题

(1)利用金属箔式应变片对单臂、半桥、全桥三种测量电路进行比较。

(2)利用直流全桥电路设计一个电子秤。

5. 拓展题

增加电子健康秤的功能,即设计一个语音提示功能,可以发出"您的身体健康,请保持"的提示。

单元三 速度的测量

单元概述

在工农业生产和工程实践中,经常会遇到各种需要测量转速的场合,例如在发动机、电动机、卷扬机、机床主轴等旋转设备的运转和控制中。速度测量主要分为两种,即线速度和角速度(转速)。随着生产过程自动化程度的提高,开发出了各种各样的检测线速度和角速度的方法,如电磁转速计、光电转速计和测速电机等。

任务 1 霍尔式传感器测量转速

▌任务描述▐

霍尔式传感器是一种利用半导体材料的霍尔效应进行测量的传感器。目前,霍尔式传感器已从分立元件发展到集成电路,越来越受到人们的重视,应用日益广泛。

霍尔式转速传感器的稳定性好,抗外界干扰能力强,转速测量范围宽。

▌任务目标▐

- 学会霍尔式传感器的功能测试方法
- 了解霍尔式传感器选用原则
- 了解霍尔式传感器的应用场合和使用方法

▌任务分析▐

霍尔传感器往往用于被测旋转轴上已经装有铁磁材料制造的齿轮或者在非磁性盘上安装若干个磁钢的场合,也可利用齿轮上的缺口或凹陷部分来实现检测。目前,用于测速的霍尔传感器主要是霍尔开关集成传感器及霍尔接近开关。

▌任务实施▐

一、任务准备

目前,国内外霍尔开关集成传感器的型号很多,如国产的 SH111 ~ SH113 型,各有 A、B、C、D 四种类型,其参数见表 3 – 1。基本工作原理是:当施加于传感器的磁通小于某一值(如 SH111A 型为 10 mT)时,其输出开关是断开的;否则,输出开关为导通的。利用其这一特性,在被测转轴上装一非磁性转盘,并在转盘四周均匀地安装若干个磁钢(磁钢数量越多,每转一圈产生的脉冲数就越多),每转一圈可以产生若干个脉冲信号。通过频率/电压(F/V)转换电路,将传感器输出的脉冲信号转换成与之成比例的模拟电压,即可推动指针式仪表进行指示转速。

表 3 - 1   国产霍尔集成开关传感器的主要参数

型号		截止电源电流（mA）	导通电源电流（mA）	输出低电平（V）	高电平输出电流（μA）	导通磁通（mT）	截止磁通（mT）
SH111 SH112 SH113	A	≤5	≤8	≤0.4	≤10	80	10
	B					60	10
	C					40	10
	D					20	10

国外产霍尔开关集成传感器常用型号主要有美国的 UGN/UGS 系列，其主要参数见表 3 - 2。

表 3 - 2   美国产霍尔集成开关传感器的主要参数

型号		导通磁通（mT）		截止磁通（mT）	
		最大值	典型值	典型值	最小值
UGN/UGS	3019L	50	42	30	10
	3020L	35	22	16	5
	3040L	20	15	10	5

二、任务实施

霍尔转速计主要由装有永久磁铁的转盘、霍尔开关集成传感器、电路、表头及电源等部分组成，其具体电路如图 3 - 1 所示，其中电源部分没有给出。图中 IC_1 为霍尔集成开关传感器 SH113D，被测转轴每转一圈产生 1 个脉冲信号。LM2917 为专用转换芯片，配合外围电路构成频率/电压转换电路。被测信号经过电位器 RP_1 接入 LM2917 的 1 脚，调节 RP_1 可以改变输入频率信号的幅度。12 V 电源经过 R_2、二极管 VD_1 分压后，向芯片内部比较器反相输入端提供 0.6 V 的参考电压（即输入信号的幅度必须大于 0.6 V）。R_4 是输出电压的负载电阻，其取值范围是 4.3 ~ 10 kΩ。0 ~ 10 V 电压表接在 R_2 两端，用来指示被测频率值（转速）。该电路的输出电压为

$$U_o = f \cdot U_{cc} \cdot R_{P_2} \cdot C_1 \qquad (3-1)$$

由公式（3 - 1）可知，在 V_{cc}、RP_1、C_1 一定的情况下，则输出电压 U_o 只与 f 成正比，f 改变则 U_o 也改变，根据 U_o 的值即可知道 f 的大小。

电路中，若电源电压取 12 V，当传感器输出信号频率为 166.6 Hz（即转速为最大值 9 999 r/min，测量仪的最大测速）时，表头应指示在最大值 10 V 处，根据式（3 - 1）可得 $R_{P_2}C_1 = 50$ ms，若 C_1 取 0.02 μF，则 R_{P_2} 的值为 250 kΩ，为了增加调节范围，R_{P_2} 取 300 kΩ。这样，输出电压在一定范围内可调，理论上输出电压最高可达 12 V。

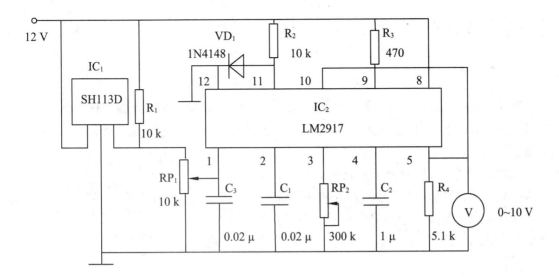

图 3-1 霍尔转速表原理图

三、任务检测

应用霍尔开关传感器测量转速,安装的位置与被测物的距离视安装方式而定,一般为几到十几毫米。图 3-2(a)为在一圆盘上安装一磁钢,霍尔传感器则安装在圆盘旋转时磁钢经过的地方。圆盘上磁钢的数目可以为 1、2、4、8 个等,均匀地分布在圆盘的一面。图 3-2(b)适用于原转轴上已经有磁性齿轮的场合,此时工作磁钢固定在霍尔传感器的背面(外壳上没有打标志的一面),当齿轮的齿顶经过传感器时,有较多的磁感线穿过传感器,霍尔集成开关传感器输出导通;而当齿谷经过霍尔开关传感器时,穿过传感器的磁感线较少,传感器输出截止,即每个齿经过传感器时产生一个脉冲信号。

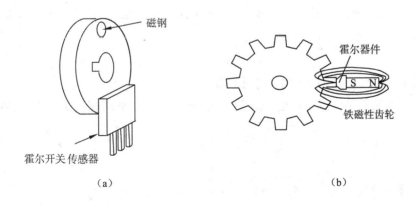

图 3-2 霍尔传感器安装示意图

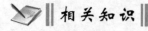

相关知识

一、霍尔效应

置于磁场中的静止载流导体,其中电流方向与磁场方向不一致时,载流导体上平行于电流和磁场方向上的两个面之间产生电动势,这种现象称为霍尔效应,该电势称为霍尔电动势。

如图3-3所示,在垂直于外磁场 B 的方向上放置一导电板,导电板通以电流 I,方向如图所示。导电板中的电流使金属中的自由电子在电场作用下做定向运动。此时,每个电子受洛伦兹力 f_1 的作用,f_1 的大小为

$$f_1 = eBv \qquad (3-2)$$

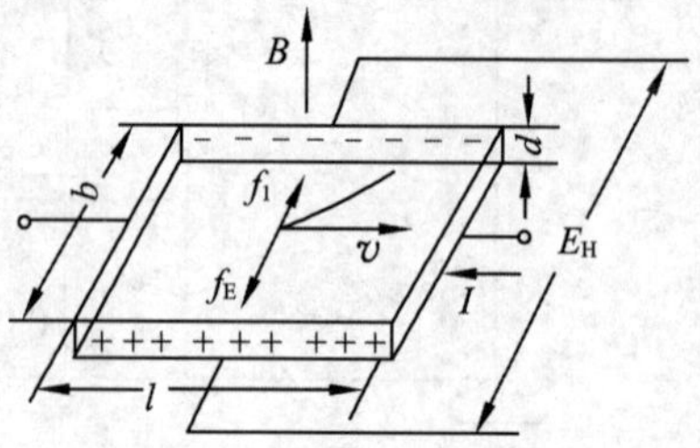

式中,e 为电子电荷;v 为电子运动平均速度;B 为磁场的磁感应强度。

图3-3 霍尔效应原理图

f_1 的方向在图3-3中是向内的,此时电子除了沿电流反方向做定向运动外,还在 f_1 的作用下漂移,结果使金属导电板内侧面积累电子,而外侧面积累正电荷,从而形成了附加内电场 E_H。我们称之为霍尔电场,其电场强度为

$$E_H = \frac{U_H}{b}$$

式中,U_H 为内外两侧面的电位差。

霍尔电场的出现,使定向运动的电子除了受洛伦兹力作用外,还受到霍尔电场力的作用,其力的大小为 eE_H,此力阻止电荷继续积累。随着内、外侧面积累电荷的增加,霍尔电场增大,电子受到的霍尔电场力也增大,当电子所受洛伦磁力与霍尔电场作用力大小相等、方向相反,即 $eE_H = eBv$ 时,有

$$E_H = Bv \qquad (3-3)$$

此时电荷不再向两侧面积累,达到平衡状态。

若金属导电板单位体积内电子数为 n,电子定向运动平均速度为 v,则激励电流 $I = nevbd$,即

$$v = \frac{I}{nebd} \qquad (3-4)$$

将式(3-4)代入式(3-3)中,得

$$E_H = \frac{IB}{nebd} \qquad (3-5)$$

所以,有

$$U_H = \frac{IB}{ned} \qquad (3-6)$$

式中,令 $R_H = \dfrac{1}{ne}$,称之为霍尔系数,其大小取决于导体中载流子的密度;令 $k_H = \dfrac{R_H}{d}$,称之为霍尔片的灵敏度,则

$$U_H = \frac{R_H IB}{d} = k_H IB \tag{3-7}$$

由式(3-7)可见,霍尔电动势正比于激励电流及磁感应强度,其灵敏度与霍尔系数 R_H 成正比,而与霍尔片厚度 d 成反比。为了提高灵敏度,霍尔元件常制成薄片形状。

若要霍尔效应强,则希望有较大的霍尔系数 R_H,因此要求霍尔片材料有较大的电阻率和载流子迁移率。一般金属材料载流子迁移率很高,但电阻率很小;而绝缘材料电阻率极高,但载流子迁移率极低。只有半导体材料才适于制造霍尔片,目前常用的霍尔元件材料有锗、硅、砷化铟、锑化铟等半导体材料。其中,N 型锗元件容易加工制造,其霍尔系数、温度性能和线性度都较好。N 型硅元件的线性度最好,其霍尔系数、温度性能同 N 型锗元件。锑化铟对温度最敏感,尤其在低温范围内温度系数大,但在室温时其霍尔系数较大。砷化铟的霍尔系数较小,温度系数也较小,输出特性线性度好。

二、霍尔元件基本结构

霍尔元件的结构很简单,由霍尔片、4 根引线和壳体组成,如图 3-4(a)所示。

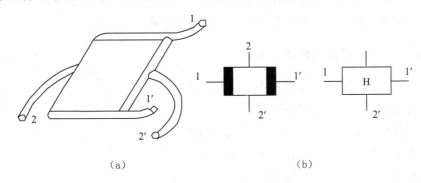

（a）　　　　　　　　　　　　　（b）

图 3-4　霍尔元件

霍尔片是一块矩形半导体单晶薄片,引出 4 根引线:1、1′两根引线加激励电压或电流,称激励电极(控制电极);2、2′引线为霍尔输出引线,称霍尔电极。霍尔元件的壳体是用非导磁金属、陶瓷或环氧树脂封装的。在电路中,霍尔元件一般可用两种符号表示,如图 3-4(b)所示。

三、霍尔元件基本特性

1. 额定激励电流和最大允许激励电流

当霍尔元件自身温升 10℃ 时所流过的激励电流称为额定激励电流。以元件允许最大温升为限制所对应的激励电流称为最大允许激励电流。因霍尔电动势随激励电流增加而线性增加,所以使用中希望选用激励电流尽可能大的元件,因而需要知道元件的最大允

许激励电流。改善霍尔元件的散热条件,可以使激励电流增大。

2.输入电阻和输出电阻

激励电极间的电阻值称为输入电阻。霍尔电极输出电动势对电路外部来说相当于一个电压源,其电源内阻即为输出电阻。以上电阻值是在磁感应强度为0,且环境温度在(20 ± 5)℃时所确定的。

3.不等位电动势和不等位电阻

当霍尔元件的激励电流为I时,若元件所处位置磁感应强度为0,则它的霍尔电动势应该为0,但实际不为0,这时测得的空载霍尔电动势称为不等位电动势,如图3-5所示。不等位电动势与激励电流之比称为不等位电阻。产生这一现象的原因有:

(1)霍尔电极安装位置不对称或不在同一等电位面上;

(2)半导体材料不均匀造成了电阻率不均匀或是几何尺寸不均匀;

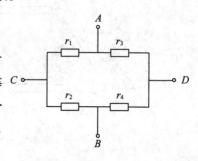

(3)激励电极接触不良,造成激励电流不均匀分布等。

不等位电动势和不等位电阻都是在直流下测得的。不等位电动势一般在$1\ mV$以下,它是影响霍尔片温漂的原因之一。

图3-5 不等位电动势示意图

4.霍尔电动势温度系数

在一定磁感应强度和激励电流下,温度每变化1℃时霍尔电动势变化的百分率称为霍尔电动势温度系数。它同时也是霍尔系数的温度系数。

四、霍尔元件不等位电动势补偿

不等位电动势与霍尔电动势具有相同的数量级,有时甚至超过霍尔电动势,而实际使用过程中要消除不等位电动势是极其困难的,因而必须采用补偿的方法。分析不等位电动势时,可以把霍尔元件等效为一个电桥,用分析电桥平衡来补偿不等位电动势。

图3-6为霍尔元件的等效电路,其中A、B为霍尔 **图3-6 霍尔元件的等效电路** 电极,C、D为激励电极,电极分布电阻分别用r_1、r_2、r_3、r_4表示,把它们看作电桥的四个桥臂。理想情况下,电极A、B处于同一等位面上,$r_1 = r_2 = r_3 = r_4$,电桥平衡,不等位电动势U_0为0。实际上,由于A、B电极不在同一等位面上,这4个电阻阻值不相等,电桥不平衡,不等位电动势不等于0。此时可根据A、B两点电动势的高低判断应在某一桥臂上并联一定的电阻,使电桥达到平衡,从而使不等位电动势为0。

任务2 光电式传感器测量转速

任务描述

光电式传感器是一种基于光电效应的传感器,利用光线的透射、遮挡、反射、干涉等检测能转换成光学量变化的其他非电学量。

光电转速传感器为非接触式测转速的方法,测量误差更小,精度更高;光电转速传感器的结构紧凑,非常便于携带、安装和使用;光电转速传感器的抗干扰性好;光电转速传感器的测量能力好,运行稳定,有良好的可靠性,测量的精度较高,能满足使用者的测量要求。

任务目标

- 掌握光电传感器性能检测方法
- 学会根据实际要求选用光电接近开关
- 学会光电传感器的应用场合和应用方法

任务分析

在环境磁场较强的场合测速时,不适宜采用磁性传感器,而光电传感器则可以解决这一问题。利用光电传感器实现转速测量时,可以采用光电反射、光电对射式测量,也可采用光电编码器来实现。

任务实施

一、任务准备

采用光电反射式传感器测量转速时,只需在转轴上贴一张反光纸或涂黑的纸即可,如图3-7所示。

光电反射实现起来简单、方便,每转一圈产生一个脉冲信号,一般用于便携式转速测量仪。实际应用中通常采用红光电传感器,这一类传感器目前也比较多,如ST602型,其结构、底视图及内部电路示意图如图3-8所示,参数见表3-3。ST602的测量距离为4~10 mm。

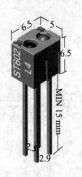

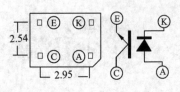

（a）结构　　　　　（b）底视图　　（c）电路示意图

图 3-7　光电反射示意图　　　　　　　图 3-8　ST602 外形结构与引脚图

表 3-3　　　　　　　　　　ST602 的光电特性（$T_a = 25\,℃$）

项　目		符号	测试条件	最小	典型	最大	单位
输入	正向压降	VF	$I_F = 20$ mA	—	1.25	1.5	V
	反向电流	IR	$V_R = 3$ V	—	—	10	μA
输出	集电极暗电流	Iceo	$V_{ce} = 20$ V	—	—	1	μA
	集电极亮电流	IL	$V_{ce} = 15$ V $I_F = 8$ mA L3	0.30	—	—	mA
			L4	0.40	—	—	mA
			L5	0.50	—	—	mA
	饱和压降	VCE	$I_F = 8$ mA,$I_c = 0.5$ mA	—	—	0.4	V
传输特性	响应时间	Tr	$I_F = 20$ mA	—	5	—	μs
		Tf	$V_{ce} = 10$ V $R_c = 100\ Ω$	—	5	—	μs

　　采用光电对射（也称直射或透射）测量转速时，其测量结构示意图如图 3-9（a）所示。它是在转轴上安装一个圆盘，圆盘边缘开若干个孔（比如 60 个），这样圆盘每转一圈即可产生 60 个脉冲信号。如 ST155 光电直射传感器，其结构如图 3-9（b）所示，内部原理示意图如图 3-9（c）所示，参数见表 3-4。

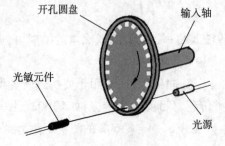

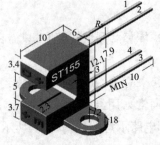

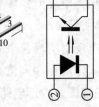

（a）光电直射式转速测量示意图　　　　（b）ST155 的结构　　　（c）ST155 内部示意图

图 3-9　光电直射式传感器示意图

表 3 – 4　　　　　　　　　　ST155 的光电特性($T_a = 25\text{℃}$)

项 目		符号	测试条件	最小	典型	最大	单位
输入	正向压降	VF	$I_F = 20\ \text{mA}$	—	1.25	1.5	V
	反向电流	IR	$V_R = 3\ \text{V}$	—	—	10	μA
输出	集电极遮电流	Iceo	$V_{ce} = 20\ \text{V}$	—	—	1	μA
	集电极通电流	IL	$V_{ce} = 5\ \text{V}, I_F = 8\ \text{mA}$	0.25	—	—	mA
	饱和压降	VCE	$I_F = 8\ \text{mA}, I_c = 0.5\ \text{mA}$	—	—	0.4	V
传输特性	响应时间	Tr	$I_F = 20\ mA$	—	5	—	μs
		Tf	$V_{ce} = 10\ \text{V}$　$R_c = 100\ \Omega$	—	5	—	μs

采用光电传感器实现转速测量时,要设计检测电路及信号处理电路,最终得到标准的脉冲信号(如 TTL 电平)。虽然电路比较复杂,但价格便宜,很容易实现一个测速系统。

除了使用光电传感器之外,还可以采用光电接近开关来实现。光电接近开关是将输入及控制电路及输出电路、信号处理电路做成一个整体,其输出就是标准的脉冲信号,使用起来比较方便,其输出可直接接转速测量仪表。

二、任务实施

光电转速仪由光电转盘、光电对射传感器、闸门、时基信号产生电路及计数与显示装置等部分组成,其整机电路原理如图 3 – 10 所示。

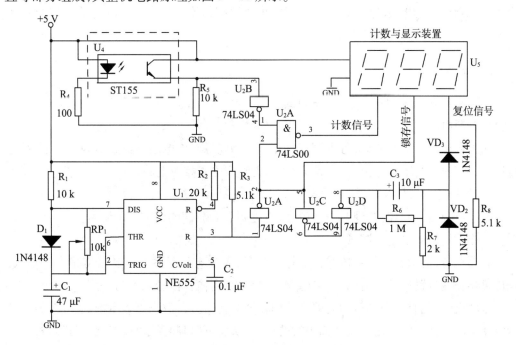

图 3 – 10　光电转速仪电路原理图

图中,光电转盘安装在被测转轴上,与被测轴同时转动。光被遮住时,由光电传感器组成的检测电路输出为低电平(此时流过电阻 R_5 的电流为暗电流,非常小);转盘上的小孔转到传感器时,光电传感器接收到光信号,输出为高电平,之后又为低电平;这样,转盘上每个小孔经过传感器时,传感器输出一个脉冲信号,每转一圈就可产生 60 个脉冲信号。此信号与时基电路产生的时基信号同时被送到闸门 U_3A 输入端,如果此时时基信号为低电平,则闸门呈关闭状态,转速信号无法通过闸门加到计数器输入端。时基电路产生的闸门信号为高电平时,打开闸门 U_3A,此时转速信号加到计数器输入端;同时,闸门信号也加到由 R_6、R_7、R_8、C_3、VD_2 及 VD_3 组成的微分复位电路,在 R_8 上产生的复位脉冲使计数器清零;而且,该闸门信号也使 LE 端呈寄存状态,在时基信号为高电平期间(1 s),计数器对转速信号进行计数。时基信号变为低电平时,使闸门 U_3A 关闭;该信号使锁存信号端为低电平,将计数器的计数结果送到寄存器中,并经译码器译码后,由驱动电路驱动显示器显示计数结果(转速)。第二个时基信号到来时,又重复上述过程。但在第二次计数期间,寄存器的数据将保持不变,只有当锁存信号再由高到低变化时,才将新的计数结果送入寄存器,以显示新的转速数据。

时基信号产生电路由 NE555 电路及外围元件构成的一个多谐振荡器组成,闸门信号由 3 脚输出。RP_1 用于调节时基信号,使其闸门时间为 1 s。

计数与显示装置由计数器、寄存器、译码器、驱动器及显示器五部分组成,使电路更简捷,实现直来更方便;可以采用专业模块,如 CL102,也可以采用数字电路来实现,此处不再阐述。

系统电源可采用电池供电,也可以采用 220 V 市电经降压、整流、滤波后由三端稳压器 7805 得到 5 V 电压,电路比较简单,故此处没有给出,读者感兴趣的话可以自己加上去。

三、任务检测

电路制作完成后,即可进行电路调试工作。

1. 电源电路调试

如果自己制作电源的话,首先调试电源。检测电源对地电阻,确保无短路现象。接通电源,测量 7805 的输出电压,应为 5 V 左右,否则应检查相应电路。

2. 时基电路调试

接通电源后,用示波器观察闸门信号,通过调节 RP_1 使闸门信号的脉宽为 1 s。

3. 传感器检测电路的调试

启动机器,用示波器观察传感器的输出信号,若没有信号或信号比实际的少,则可能是传感器安装位置过低,适当调整传感器的位置,直到输出信号正常为止。

启动机器,此时数码管显示的即为被测转轴的转速。若数码管显示数据不变,则可用示波器检测送到闸门两输入端及输出端的信号,从而可以判断故障的范围,以进行检修。

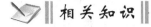相关知识

一、光电器件

1. 外光电效应

一束光是由一束以光速运动的粒子流组成的,这些粒子称为光子。光子具有能量,每个光子具有的能量由下式确定:

$$E = h\nu$$

式中,h 为普朗克常量,其值为 6.626×10^{-34} J·s;ν 是光的频率,单位为 Hz。

所以,光的波长越短,即频率越高,其光子的能量也越大;反之,光的波长越长,其光子的能量也就越小。

在光线作用下,物体内的电子逸出物体表面向外发射的现象称为外光电效应。向外发射的电子叫光电子。基于外光电效应的光电器件有光电管、光电倍增管等。

光照射物体,可以看成一连串具有一定能量的光子轰击物体,物体中电子吸收的入射光子能量超过逸出功 A_0 时,电子就会逸出物体表面,产生光电子发射,超过 A_0 部分的能量表现为逸出电子的动能。根据能量守恒定理知

$$h\nu = \frac{1}{2}mv_0^2 + A_0 \qquad\qquad (3-8)$$

式中,m 为电子质量;v_0 为电子逸出速度。

式(3-9)为爱因斯坦光电效应方程。由式(3-9)可知:光子能量必须超过逸出功 A_0,才能产生光电子;入射光的频谱成分不变,产生的光电子与光强成正比;光电子逸出物体表面时具有初始动能,因此对于外光电效应器件,即使不加初始阳极电压,也会有光电流产生,为使光电流为 0,必须加负的截止电压。

2. 内光电效应

在光线作用下,物体的导电性能发生变化或产生光生电动势的效应,称为内光电效应。内光电效应又可分为以下两类:

(1)光电导效应

在光线作用下,半导体材料吸收了入射光子能量,若光子能量大于或等于半导体材料的禁带宽度,就激发出电子—空穴对,使载流子浓度增加,半导体的导电性增加,阻值减小,这种现象称为光电导效应。光敏电阻就是基于这种效应的光电器件。

(2)光生伏特效应

在光线的作用下能够使物体产生一定方向的电动势,这种现象称为光生伏特效应。基于该效应制作的光电器件有光电池。

二、光敏电阻

1. 光敏电阻的结构与工作原理

光敏电阻又称光导管,它几乎都是用半导体材料制成的光电器件。光敏电阻没有极

性,纯粹是一个电阻器件,使用时既可加直流电压,也可加交流电压。无光照时,光敏电阻值(暗电阻)很大,电路中电流(暗电流)很小。当光敏电阻受到一定波长范围的光照射时,它的阻值(亮电阻)急剧减小,电路中电流迅速增大。一般希望暗电阻越大越好,亮电阻越小越好,此时光敏电阻的灵敏度高。实际光敏电阻的暗电阻值一般在兆欧量级,亮电阻值在几千欧以下。

　　光敏电阻的结构很简单,图 3 – 11(a)为金属封装的硫化镉光敏电阻的结构图。在玻璃底板上均匀地涂有一层薄薄的半导体物质,称为光导层。半导体的两端装有金属电极,金属电极与引出线端相连接,光敏电阻就通过引出线端接入电路。为了减小周围介质的影响,在半导体光敏层上覆盖了一层漆膜,漆膜的成分应使它在光敏层最敏感的波长范围内透射率最大。为了提高灵敏度,光敏电阻的电极一般采用梳状图案,如图 3 – 11(b)所示。图 3 – 11(c)为光敏电阻的接线图。

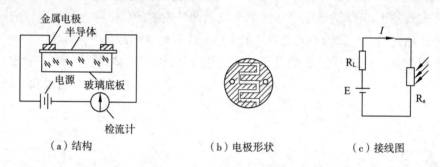

（a）结构　　　　　　　（b）电极形状　　　　　　（c）接线图

图 3 – 11　光敏电阻结构

2. 光敏电阻的主要参数

(1)暗电流

光敏电阻在不受光照射时的阻值称为暗电阻,此时流过的电流称为暗电流。

(2)亮电流

光敏电阻在受光照射时的电阻称为亮电阻,此时流过的电流称为亮电流。

(3)光电流

亮电流与暗电流之差称为光电流。

3. 光敏电阻的基本特性

(1)伏安特性

在一定照度下,流过光敏电阻的电流与光敏电阻两端电压的关系,称为光敏电阻的伏安特性。图 3 – 12 为硫化镉光敏电阻的伏安特性曲线。由图可见,在一定的电压范围内,光敏电阻 $I-U$ 曲线为直线,说明其阻值与入射光量有关,而与电压、电流无关。

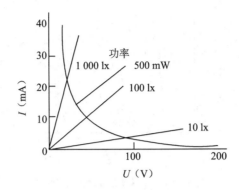

图 3 - 12　硫化镉光敏电阻的伏安特性

（2）光照特性

光敏电阻的光照特性是描述光电流 I 和光照强度之间关系的,不同材料的光照特性是不同的,绝大多数光敏电阻光照特性是非线性的。图 3 - 13 为硫化镉光敏电阻的光照特性。

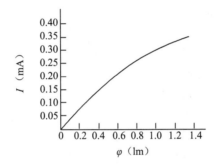

图 3 - 13　光敏电阻的光照特性

（3）光谱特性

光敏电阻对入射光的光谱具有选择作用,即光敏电阻对不同波长的入射光有不同的灵敏度。光敏电阻的相对光敏灵敏度与入射波长的关系称为光敏电阻的光谱特性,亦称为光谱响应。图 3 - 14 为几种不同材料光敏电阻的光谱特性。对应于不同波长,光敏电阻的灵敏度是不同的,而且不同材料的光敏电阻光谱响应曲线也不同。从图中可见硫化镉光敏电阻的光谱响应的峰值在可见光区域,故常被用作光度量测量（照度计）的探头。而硫化铅光敏电阻响应于近红外和中红外区,常用作火焰探测器的探头。

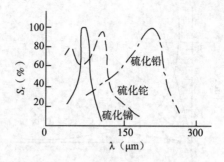

图 3-14　光敏电阻的光谱特性

（4）频率特性

实验证明,光敏电阻的光电流不能随着光强改变而立刻变化,即光敏电阻产生的光电流有一定的惰性,这种惰性通常用时间常数表示。大多数的光敏电阻时间常数都较大,这是它的缺点之一。不同材料的光敏电阻具有不同的时间常数(毫秒数量级),因而它们的频率特性也就各不相同。图 3-15 为硫化镉和硫化铅光敏电阻的频率特性。相比较而言,硫化铅的使用频率范围较大。

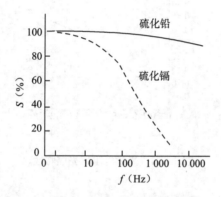

图 3-15　光敏电阻的频率特性

（5）温度特性

光敏电阻与其他半导体器件一样,受温度影响较大。温度变化时,影响光敏电阻的光谱响应,同时光敏电阻的灵敏度和暗电阻也随之改变。尤其是响应于红外区的硫化铅光敏电阻,受温度影响更大。图 3-16 为硫化铅光敏电阻的光谱温度特性曲线,它的峰值随着温度上升向波长短的方向移动。因此,硫化铅光敏电阻要在低温、恒温的条件下使用。对于可见光的光敏电阻,其温度影响要小一些。

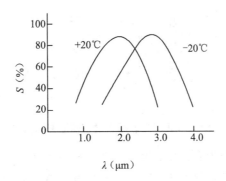

图 3-16　硫化铅光敏电阻的光谱温度特性

光敏电阻具有光谱特性好、允许的光电流大、灵敏度高、使用寿命长、体积小等优点，所以应用广泛。此外，许多光敏电阻对红外线敏感，适宜于红外线光谱区工作。光敏电阻的缺点是型号相同的光敏电阻参数并不一致，并且由于光照特性的非线性，不适宜于测量要求线性的场合，常用作开关式光电信号的传感元件。

三、光敏二极管和光敏晶体管

1. 结构原理

光敏二极管的结构与一般二极管相似。它装在透明玻璃外壳中，其 PN 结装在管的顶部，可以直接受到光照射（图 3-17）。

光敏二极管在电路中一般是处于反向工作状态（图 3-18），在没有光照射时，反向电阻很大，反向电流很小，这个反向电流称为暗电流。当光照射在 PN 结上，光子打在 PN 结附近，使 PN 结附近产生光生电子和光生空穴对，它们在 PN 结处内电场的作用下定向运动，形成光电流。光的照度越大，光电流越大。因此，光敏二极管在不受光照射时处于截止状态，受光照射时处于导通状态。

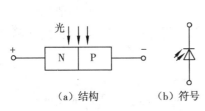

（a）结构　　　（b）符号

图 3-17　光敏二极管结构简图和符号

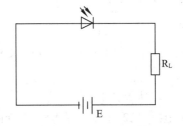

图 3-18　光敏二极管接线图

光敏晶体管与一般晶体管类似，具有两个 PN 结，如图 3-19（a）所示，只是它的发射极一般做得很大，以扩大光的照射面积。光敏晶体管接线如图 3-19（b）所示，大多数光敏晶体管的基极无引出线，当集电极加上相对于发射极为正的电压而不接基极时，集电结就是反向偏压。当光照射在集电结时，就会在结附近产生电子—空穴对，光生电子被拉到集电极基区留下空穴，使基极与发射极间的电压升高。这样便会有大量的电子流向集电极，形成输出电流，且集电极电流为光电流的 β 倍，所以光敏晶体管有放大作用。

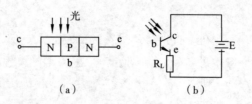

图 3-19 NPN 型光敏晶体管结构简图和基本电路

光敏晶体管的光电灵敏度虽然比光敏二极管高得多,但在需要高增益或大电流输出的场合,需采用达林顿光敏管。图 3-20 是达林顿光敏管的等效电路,它是由一个光敏晶体管和一个晶体管以共集电极连接方式构成的集成器件。由于增加了一级电流放大,输出电流的能力大大加强,甚至可以不必经过进一步放大便可直接驱动灵敏继电器。但由于该光敏管无光照时的暗电流也很大,适合于开关状态或位式信号的光电变换。

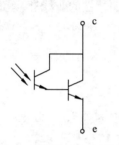

图 3-20 达林顿光敏管的等效电路

图 3-21 光敏二极(晶体)管的光谱特性

2. 基本特性

(1)光谱特性

光敏管的光谱特性是指在一定照度时,输出的光电流(或用相对灵敏度表示)与入射光波长的关系。硅和锗光敏二极(晶体)管的光谱特性曲线如图 3-21 所示。从曲线可以看出硅管的峰值波长约为 0.9 μm,锗管的峰值波长约为 1.5 μm,此时灵敏度最大,而当入射光的波长增长或缩短时,相对灵敏度都会下降。一般来讲,锗管的暗电流较大,性能较差,故在可见光或探测炽热状态物体时一般都用硅管。但对红外光的探测,用锗管较为适宜。

(2)伏安特性

图 3-22(a)为硅光敏二极管的伏安特性,横坐标表示所加的反向偏压。当光照时,反向电流随着光照强度的增大而增大,在不同的照度下,伏安特性曲线几乎平行。所以,只要没达到饱和值,它的输出实际上不受偏压大小的影响。图 3-22(b)为硅光敏晶体管的伏安特性,图中纵坐标为光电流,横坐标为集电极—发射极电压。

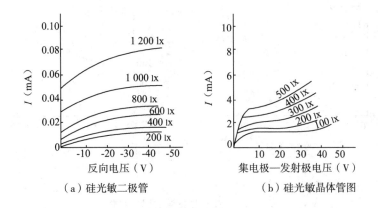

（a）硅光敏二极管   （b）硅光敏晶体管图

图 3 - 22   硅光敏管的伏安特性

（3）频率特性

光敏管的频率特性是指光敏管输出的光电流（或相对灵敏度）随频率变化的关系。光敏二极管的频率特性是半导体光电器件中最好的一种,普通光敏二极管频率响应时间达 10 μs。光敏晶体管的频率特性受负载电阻的影响,图 3 - 23 为光敏晶体管频率特性,减小负载电阻可以提高频率响应范围,但输出电压响应也减小。

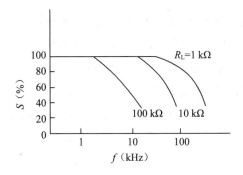

图 3 - 23   光敏晶体管的频率特性

（4）温度特性

光敏管的温度特性是指光敏管的暗电流及光电流与温度的关系。光敏晶体管的温度特性曲线如图 3 - 24 所示。从特性曲线可以看出,温度变化对光电流影响很小[图 3 - 24（b）],而对暗电流影响很大[图 3 - 24（a）]。所以,在电子线路中应该对暗电流进行温度补偿,否则将会导致输出误差。

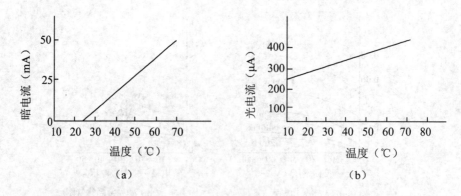

（a）　　　　　　　　　　（b）

图 3 - 24　光敏晶体管的温度特性

四、光电耦合器件

光电耦合器件是由发光元件(如发光二极管)和光电接收元件合并使用,以光作为媒介传递信号的光电器件。根据其结构和用途不同,它又可分为用于实现电隔离的光电耦合器和用于检测有无物体的光电开关。

1. 光电耦合器

光电耦合器的发光元件和接收元件都封装在一个外壳内,一般有金属封装和塑料封装两种。发光器件通常采用砷化镓发光二极管,其管芯由一个 PN 结组成,随着正向电压的增大,正向电流增加,发光二极管产生的光通量也增加。光电接收元件可以是光敏二极管和光敏三极管,也可以是达林顿光敏管。图 3 - 25(a)(b)分别为光敏三极管和达林顿光敏管输出型的光电耦合器。为了保证光电耦合器有较高的灵敏度,应使发光元件和接收元件的波长匹配。

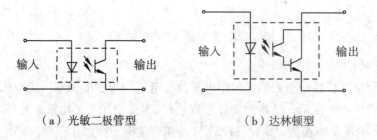

（a）光敏二极管型　　　　　　　　（b）达林顿型

图 3 - 25　光电耦合器组合形式

2. 光电开关

光电开关是一种利用感光元件对变化的入射光加以接收,并进行光电转换,同时加以某种形式的放大和控制,从而获得最终的控制输出"开""关"信号的器件。

图 3 - 26 为典型的光电开关结构图。图 3 - 26(a)是一种透射式的光电开关,它的发光元件和接收元件的光轴是重合的。当不透明的物体位于或经过它们之间时,会阻断光路,使接收元件接收不到来自发光元件的光,这样就起到了检测作用。图 3 - 26(b)是一

种反射式的光电开关,它的发光元件和接收元件的光轴在同一平面且以某一角度相交,交点一般即为待测物所在处。有物体经过时,接收元件将接收到从物体表面反射的光,没有物体时则接收不到。光电开关的特点是小型、高速、非接触,而且与 TTL、MOS 等电路容易结合。

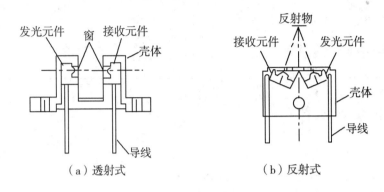

(a) 透射式   (b) 反射式

图 3 - 26　光电开关的结构

用光电开关检测物体时,大部分只要求其输出信号有"高""低"(1、0)之分即可。图 3 - 27 是光电开关的基本电路示例。图 3 - 27(a)(b)表示负载为 CMOS 比较器等高输入阻抗电路时的情况,图 3 - 27(c)表示用晶体管放大光电流的情况。

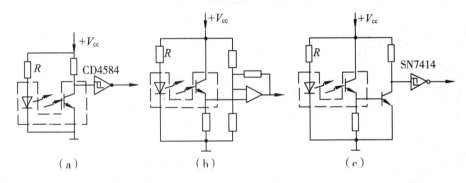

(a)   (b)   (c)

图 3 - 27　光电开关的基本电路示例

光电开关广泛应用于工业控制、自动化包装生产线及安全装置中,作为光控制和光探测装置;也可在自动控制系统中用作物体检测、产品计数、料位检测、尺寸控制、安全报警及计算机输入接口等。

 单元小结

本单元内容为速度的测量,围绕速度这个被测量的测量方式,主要介绍了霍尔式传感器和光电式传感器。本单元通过任务驱动的方式来引入,分别介绍了两种传感器测量速度电路和测量速度原理。

本单元知识点梳理

任务名称	知识点
任务1　霍尔式传感器测量转速	1. 霍尔效应 2. 霍尔器件
任务2　光电式传感器测量转速	1. 光电效应 2. 光电器件

综合测试

一、填空题

1. 霍尔式传感器是利用_____效应进行测量的。

2. 霍尔式传感器是由_____材料制成的,_____和_____不能用作霍尔式传感器。

3. 光电式传感器的工作基础是_____效应,能将光信号的变化转换为电信号的变化。

4. 按照工作原理的不同,光敏晶体管传感器可分为_____、_____、_____和_____四种类型。

5. 光电效应通常分为_____、_____和_____三种类型。

二、选择题

1. 常用(　　)制作霍尔式传感器的敏感材料。

　　A. 金属　　　　　　　B. 半导体　　　　　　C. 塑料

2. 霍尔式传感器基于(　　)。

　　A. 霍尔效应　　　　　　　　　　　B. 热电效应

　　C. 压电效应　　　　　　　　　　　D. 电磁感应

3. 霍尔电动势与(　　)。

　　A. 激励电流成正比　　　　　　　　B. 激励电流成反比

　　C. 磁感应强度成反比　　　　　　　D. 磁感应强度成正比

4. 光敏电阻的工作基础是(　　)效应。

　　A. 外光电效应　　　　B. 内光电效应　　　　C. 光生伏特效应

5. 光敏电阻在光照下,阻值(　　)。

　　A. 变小　　　　　　　B. 变大　　　　　　　C. 不变

三、简答题

1. 什么是霍尔效应? 霍尔电动势与哪些因素有关?

2. 光电式传感器可分为哪几类？分别举出几个例子加以说明。

3. 光电效应有哪几种？与之对应的光电元件有哪些？

四、实训题

霍尔转速传感器测速实验(参照附录一实验七)。

单元四　位移的测量

单元概述

位移是指物体的某个表面或某点相对于参考表面或参考点位置的变化。位移有线位移和角位移两种。线位移是指物体沿着某一条直线移动的距离。对线位移的测量,应使测量方向与位移方向重合,这样才能真实地测量出位移量的大小。角位移是指物体绕着某一定点旋转的角度。位移测量时,首先要根据不同的测量对象,选择适当的测量点、测量方向和测量仪器。位移测量在工程中应用很广。这不仅因为机械工程中常要求精确地测量零部件的位移、位置和尺寸,而且许多机械量的测量往往可以先通过适当的转换变成对位移的测量,然后换算成相应的被测量。例如,在对力、扭矩、速度、加速度、温度、流量等参数的测量中,常常采用这种方法。

本单元通过对电感式传感器测量位移、光栅式传感器测量位移、光电编码器测量位移的任务训练及理论学习,介绍这些位移传感器的应用场合、应用方法,以及它们的工作过程、工作原理。

任务 1 电感式传感器测量位移

‖任务描述‖

电感式传感器是利用被测量的变化引起线圈自感或互感量的改变这一物理现象来实现测量的。根据转换原理不同,电感式传感器可分为自感式和互感式两大类。电感式传感器具有结构结构简单、工作可靠、抗干扰能力强、输出功率较大、分辨力较高、示值误差小、稳定性好等优点。主要缺点是灵敏度、线性度和测量范围相互制约,传感器自身频率响应低,不适用于快速动态测量。

‖任务目标‖

- 掌握电感式传感器测量位移的工作原理、连接方式
- 了解电感式传感器的种类
- 了解普通工业电感式传感器的结构、应用场合

‖任务分析‖

电感式传感器主要用于测量微位移,凡是能够转换成位移变化的参数,如压力、压差、加速度、振动、应变、流量、厚度、液位等,都可以用电感式传感器来进行测量,广泛应用于纺织、化纤、机床、机械、冶金、机车汽车等行业的链轮齿速度检测,链输送带的速度和距离检测及汽车防护系统的控制等场合。

‖任务实施‖

一、任务准备

按磁路几何参数变化的形式不同,目前常用的电感式传感器有变气隙式、变截面积式和螺线管式等三种。图4-1所示是这几种电感式传感器的结构原理图。

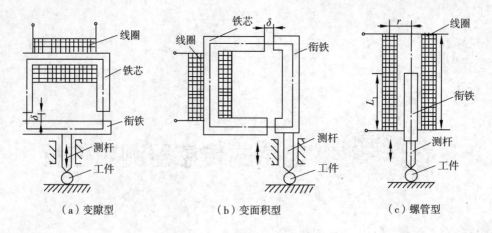

（a）变隙型　　　　　　（b）变面积型　　　　　　（c）螺管型

图 4 - 1　传感器的结构原理

1. 变隙型电感传感器

灵敏度为

$$S_1 = \frac{\mathrm{d}L}{\mathrm{d}\delta} = \frac{N^2 \mu_0 A}{2\delta^2} = \frac{L_0}{\delta} \tag{4-1}$$

灵敏度 S_1 与空气隙厚度 δ 的平方成反比，空气隙厚度 δ 越小，灵敏度越高。为了保证一定的线性度，变隙型电感传感器只能在较小间隙范围内工作，因而只能用于微小位移的测量，一般为 $0.001 \sim 1$ mm。

2. 变面积型电感传感器

变面积型电感传感器结构示意图如图 4 - 1(b)所示。灵敏度为一常数。由于漏感等原因，变面积型电感传感器在 $A = 0$ 时仍有一定的电感，所以其线性区较小，而且灵敏度较低。

3. 螺管型电感传感器

螺管型电感传感器的结构如图 4 - 1(c)所示。线圈电感量的大小由衔铁插入螺线管的长度变化引起。螺管型电感传感器适用于测量比较大的位移。

4. 差动式电感传感器

以上三种电感传感器使用时，由于线圈中通有交流励磁电流，衔铁始终承受电磁吸力，会引起振动及附加误差，而且非线性误差较大；另外，外界的干扰如电源电压、频率变化、温度变化都使输出产生误差。所以，在实际工作中常采用两个相同的传感器线圈共用一个衔铁，构成差动式电感传感器，这样可以提高传感器的灵敏度，减小测量误差。

差动式电感传感器的结构如图 4 - 2 所示。两个完全相同的单纯圈电感传感器共用一个活动衔铁就构成了差动式电感传感器。在变隙型差动电感传感器中，当衔铁随被测量移动而偏离中间位置时，两个线圈的电感量中一个增大一个减小，形成差动形式。

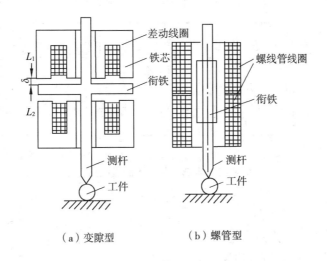

（a）变隙型　　　　　（b）螺管型

图4-2　差动式电感传感器结构图

在图4-2（a）中，假设衔铁向上移动，则总的电感变化量为

$$\Delta L \approx 2 \times \frac{N^2 \mu_0 A}{2\delta^2} \Delta\delta \tag{4-2}$$

灵敏度为
$$S = \frac{\Delta L}{\Delta\delta} = 2 \times \frac{N^2 \mu_0 A}{2\delta^2} = 2\frac{L_0}{\delta} \tag{4-3}$$

式中，L_0 为衔铁处于差动线圈中间位置时的初始电感量。

比较可以看出，差动式电感传感器灵敏度约为非差动式电感传感器的两倍。另外，差动式电感传感器的线性较好，且输出曲线较陡，灵敏度较高。采用差动结构除了可以改善线性、提高灵敏度外，对外界的影响如温度变化、电源频率变化等也基本上可以相抵，衔铁承受的电磁吸力也较小，从而减小了测量误差。所以，实用的电感传感器几乎全是差动的。

二、任务实施

电感式位移测量电路系统主要由信号转换电路、运算放大电路、滤波输出电路、量程切换电路和窗口电压比较电路等部分组成（图4-3）。传感器输出交流电压信号，电压值与传感器磁芯位置成正比，经过信号转换电路将其转换为相应的直流电压信号。运算放大电路对直流电压信号进行放大，以满足后续电路的电压需求；放大后的直流信号经过滤波输出电路输出，在计算机控制下实现自动检测；同时，滤波信号经量程切换电路，将直流电压信号以对应电表不同量程的位移值显示，从而提供直观的测量结果。滤波信号经窗口电压比较电路可检测到测头位移状态，分别以检测、安装、报警等状态显示输出，保证了安装和检测过程的安全。

信号转换电路的功能是将传感器输出的交流电压信号转换为相应的直流电压信号。信号转换电路的设计直接影响到整个测头电路系统的测量精度，是测头电路系统的核心部分。传感器为线性差分式位移传感器，它的输入为磁芯的机械位移，输出为与磁芯位置成正比的交流电压信号。

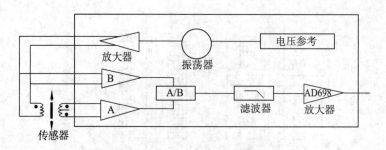

图 4 - 3 电感式传感器测量电路

三、任务检测

1. 输出特性曲线与零点残余电压

差动变压器式传感器的输出特性曲线如图 4 - 4 所示。图中,x 为衔铁偏离中心位置的距离;U_o 为差动输出电动势,其中实线部分表示实际的输出特性,而虚线表示理想的输出特性;U_z 表示零点残余电压。

当差动变压器式传感器的衔铁处于中间位置时,理想条件下其输出电压为 0。但实际上,采用桥式电路时在零点仍有一个微小的电压值 U_z

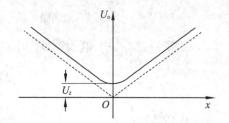

图 4 - 4 差动变压器式传感器的输出特性

存在,称为零点残余电压。零点残余电压造成零点附近的不灵敏区,给测量带来误差。若零点残余电压输入放大器内, 会使放大器末级趋向饱和,影响电路的正常工作。因此,零点残余电压的大小是衡量差动变压器性能好坏的重要指标。

2. 零点残余电压的产生原因

(1)差动的两个线圈的电气参数及导磁体的集合尺寸不可能完全对称。

(2)线圈的分布电容不对称。

(3)电源电压中含有高次谐波。

(4)传感器工作在磁化曲线的非线性段。

3. 减小零点残余电压的方法

(1)尽可能保证传感器几何尺寸、线圈电气参数和磁路的对称

为了保证线圈的对称性,首先,要求提高加工精度,线圈选配成对,采用磁路可调节结构;其次,应选高磁导率、低剩磁感应的导磁材料,并应经过热处理,消除残余应力,以提高磁性能的均匀性和稳定性。

(2)选用合适的测量电路

例如,采用相敏检波电路,既可判别衔铁移动方向,又可改善输出特性,从而减小零点残余电压。

(3)采用补偿线路减小零点残余电压

图 4 - 5 是几种减小零点残余电压的补偿电路。在差动变压器次级绕组侧串、并联适

当数值的电阻、电容元件,调整这些元件时,可使零点残余电压减小。

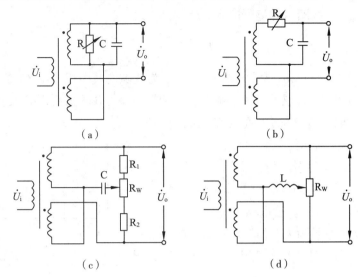

图 4-5 减小零点残余电压电路

图 4-5(a)所示是在次级绕组侧并联电容。由于两个次级线圈的感应电压相位不同,并联电容可改变绕组的相位,并联电阻起分流作用,使流入传感器线圈的电流发生变化,从而改变磁化曲线的工作点,减小高次谐波所产生的残余电压。图 4-5(b)中的串联电阻用来调整次级线圈的电阻分量。图 4-5(c)在次级绕组侧并联电位器,用于电气调零,改变两个次级线圈输出电压的相位。电容 C 可防止调整电位器时零点移动。图 4-5(d)中接入补偿线圈 L,以避免负载不是纯电阻而引起较大的零点残余电压。

 任务评价

(1)是否能掌握电感式传感器测量位移的工作原理、连接方式?

(2)是否能了解电感式传感器的种类?

(3)是否能了解普通工业电感式传感器的结构、应用场合?

 相关知识

电感式传感器按照工作原理不同可分为自感式传感器和互感式传感器,下面将分别介绍两种传感器的工作原理。

1. 自感式传感器

自感式传感器又称为变磁阻式传感器,它由线圈、铁芯、衔铁三部分组成,如图 4-6 所示。线圈套在铁芯上,铁芯和衔铁之间有气隙,气隙厚度为 δ,传感器运动部分与衔铁相连,衔铁移动时 δ 发生变化,引起磁路的磁阻 R_{w} 变化,使电感线圈的电感值变化。因此,

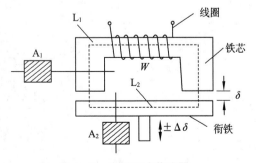

图 4-6 变磁阻式传感器

只要测出这种电感量的变化,就能确定衔铁位移量的大小和方向。

根据磁路知识,线圈自感量可按下式计算:

$$L = \frac{\mu_0 A W^2}{2\delta} \tag{4-4}$$

式中,W 为线圈匝数;μ_0 为空气的磁导率;A 为气隙的截面积;δ 为气隙厚度。

由式(4-4)可见,自感 L 是气隙截面积 A 和气隙厚度 δ 的函数,因此,变磁阻式传感器又可分为变气隙厚度 δ 的传感器(变气隙型)和变气隙面积 A 的传感器(截面型)。

(1)变气隙型电感式传感器

由式(4-4)可知 L 与 δ 之间是非线性关系,特性曲线如图4-7所示。设电感式传感器初始气隙为 δ_0,初始电感量为 L_0,衔铁位移引起的气隙变化量为 $\Delta\delta$,衔铁处于初始位置时,初始电感量为

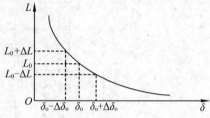

图 4-7　变气隙型传感器的 L-δ 特性

$$L_0 = \frac{\mu_0 A W^2}{2\delta} \tag{4-5}$$

衔铁上移 $\Delta\delta$ 时,传感器气隙减小 $\Delta\delta$,即 $\delta = \delta_0 - \Delta\delta$,则此时输出电感 $L = L_0 + \Delta L$,代入式(4-4)并整理,得

$$L = L_0 + \Delta L = \frac{\mu_0 A W^2}{2(\delta_0 - \Delta\delta)} = \frac{L_0}{1 - \dfrac{\Delta\delta}{\delta_0}} \tag{4-6}$$

$\Delta\delta \ll \delta$ 时,可得灵敏度为

$$k_0 = \frac{\dfrac{\Delta L}{L_0}}{\Delta\delta} = \frac{1}{\delta_0} \tag{4-7}$$

差动变气隙型电感式传感器的结构如图4-8所示。它由两个相同的电感线圈的磁路组成。测量时,衔铁与被测物体相连,当被测物体上下移动时,带动衔铁以相同的位移上下移动,两个磁回路的磁阻发生大小相等、方向相反的变化,一个线圈的电感量增加,另一个线圈的电感量减小,形成差动形式。

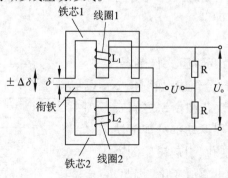

图 4-8　差动变气隙型电感式传感器结构

将两个电感线圈接入交流电桥的相邻桥臂，另两个桥臂由电阻组成。比较单线圈与差动两种变气隙型电感式传感器的特性,可知:

①差动型比单线圈的灵敏度提高一倍。

②差动型的线性度好。

③差动型的两个电感结构可抵消温度、噪声干扰的影响。

（2）截面型电感式传感器

截面型电感式传感器的结构示意图如图4-9所示,由图可以看出线圈的电感量 $L = \dfrac{\mu_0 A W^2}{2\delta}$。传感器工作状态下,当气隙厚度保持不变,而铁芯与衔铁之间的相对面积因被测量的变化而改变时,将导致电感量的变化。由式(4-4)可知,L 与 A 之间是线性关系。

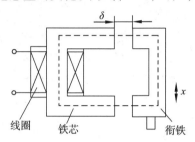

图4-9 截面型电感式传感器的结构示意图

（3）测量电路

①交流电桥

交流电桥测量电路如图4-10所示。$Z_1 = Z_2 = Z = R + j\omega L$,以及 $R_1 = R_2 = R$。由于电桥工作臂是差分形式,当衔铁上移工作时,$Z_1 = Z + \Delta Z$,$Z_2 = Z - \Delta Z$,电桥的输出电压为

$$U_\mathrm{o} = U\left[\frac{Z_2}{Z_1 + Z_2} - \frac{R}{R + R}\right] = U\frac{Z_2 - Z_1}{2(Z_1 + Z_2)} = -U\frac{\Delta Z}{2Z}$$

$$(4-8)$$

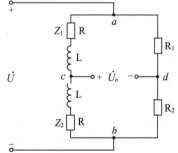

图4-10 交流电桥

$\omega L \gg R$ 时, 式(4-8)可写为

$$U_\mathrm{o} = -U\frac{\Delta L}{2L} \qquad (4-9)$$

衔铁向下移动时,有

$$U_\mathrm{o} = U\frac{\Delta L}{2L} \qquad (4-10)$$

由式(4-9)、式(4-10)可以看出,衔铁上移和下移时,输出电压相位相反,交流电桥的输出电压与传感器线圈电感的相对变化量成正比。

②变压器式交流电桥

如图4-11所示,电桥的两臂是传感器线圈阻抗臂 Z_1、Z_2,另外两个臂是交流变压器次级线圈阻抗的一半,交流供电。

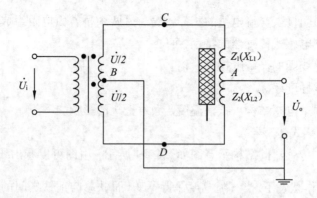

图 4 – 11　变压器式交流电桥

负载无穷大时,桥路输出电压为

$$U_o = U_A - U_B = U\left[\frac{Z_2}{Z_1 + Z_2} - \frac{1}{2}\right] = \frac{Z_2 - Z_1}{Z_1 + Z_2}\frac{U}{2} \tag{4 – 11}$$

衔铁处于中间位置时,$Z_1 = Z_2 = Z$,$U_o = 0$;当衔铁向上偏移时,$Z_1 = Z + \Delta Z$,$Z_2 = Z - \Delta Z$,输出电压为

$$U_o = -\frac{U}{2}\frac{\Delta Z}{Z} = -\frac{U}{2}\frac{\Delta L}{L_0} \tag{4 – 12}$$

衔铁向下偏移时,有

$$U_o = -\frac{U}{2}\frac{\Delta Z}{Z} = \frac{U}{2}\frac{\Delta L}{L_0} \tag{4 – 13}$$

2. 差动变压器式(互感式)传感器

(1)差动变压器式传感器的结构与工作原理

差动变压器式传感器的结构形式有变气隙型、变面积型和螺管型等,它们的工作原理基本一样。应用最多的是螺管型差动变压器式传感器。它可测量 1 ~ 100 mm 范围内的机械位移,并具有测量精度高、灵敏度高、结构简单、性能可靠等优点。螺管型差动变压器式传感器的线圈排列根据初、次级排列不同,有二节式、三节式、四节式和五节式等形式,如图 4 – 12 所示。三节式的零点电位较小,二节式比三节式灵敏度高、线性范围大,四节式和五节式可改善传感器的线性度。

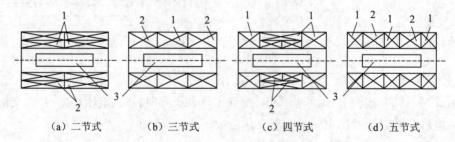

(a)二节式　　　(b)三节式　　　(c)四节式　　　(d)五节式

图 4 – 12　差动变压器式传感器线圈的各种排列形式

在理想情况下,差动变压器式传感器的等效电路如图 4 – 13 所示。

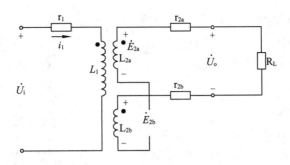

图 4 – 13　螺管型差动变压器式传感器的等效电路

次级开路时,有

$$I_i = \frac{U_i}{r_1 + j\omega L_1} \tag{4-14}$$

式中,ω 为激励电压 U_i 的角频率;U_i 为初级线圈激励电压;I_i 为初级线圈激励电流;r_1、L_1 为初级线圈直流电流电阻和电感。

次级绕组的感应电动势为

$$\begin{cases} E_{2a} = -j\omega M_1 I_1 \\ E_{2b} = -j\omega M_2 I_1 \end{cases} \tag{4-15}$$

由于次级绕组方向串联,则差动变压器的输出电压为

$$U_o = \frac{j\omega(M_1 - M_2)U_i}{r_1 + j\omega L_1} \tag{4-16}$$

输出电压的有效值为

$$U_o = \frac{\omega(M_1 - M_2)U_i}{\sqrt{r_1^2 + (j\omega L_1)^2}} \tag{4-17}$$

(2)差动变压器式传感器的测量电路

①差动整流电路

差动整流电路是根据二极管的单向导串性原理进行解调的。它把两个次级电压分别整流,然后将整流后的电压或电流的差值作为输出。图 4 – 14 所示为电压输出型全波差动整流电路。若传感器的一个次级线圈的输出瞬时电压极性在 e 点为" + ",f 点为" – ",则电流路径是 $eacdbf$;如 e 点为" – ",f 点为" + ",则电流路径是 $fbcdae$。可见,无论次级线圈的输出瞬时电压极性如何,

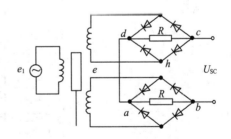

图 4 – 14　差动整流电路

通过电阻 R_1 上的电流总是从 c 到 d。同理,分析另一个次级线圈的输出情况可知,通过电阻 R_2 上的电流总是从 g 到 h。

所以,无论次级线圈的输出瞬时电压极性如何,整流电路的输出电压 U_o 始终等于 R_1、R_2 两个电阻上的电压差,即

$$U_o = U_{dc} + U_{gh} = U_{dc} - U_{hg} \tag{4-18}$$

整流电路输出的电压波形如图 4 – 15 所示。铁芯在零点时,输出电压 $U_o = 0$;铁芯在零位以上或零位以下时,输出电压的极性相反,零点残余电压自动消除。

②二极管相敏检波电路

相敏检波电路要求比较电压与差动变压器次级侧输出电压的频率相同,相位相同或相反。另外还要求比较电压的幅值尽可能大,一般情况下其幅值应为信号电压的 3 ~ 5 倍。

图 4 – 16(a)是差动相敏检波电路的一种形式。VD_1、VD_2、VD_3、VD_4 为四个性能完全相同的二极管,以同一个方向串联成一个闭合回路,R 为限流电阻,避免二极管导通时变压器 T_2 的次级电流过大。

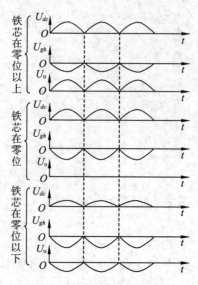

图 4 – 15　全波差动整流电路电压波形

差动变压器输出的调幅波电压 U_1 通过变压器 T_1 加到环形电桥的一条对角线上;参考电压 U_2 通过变压器 T_2 加到环形电桥的另一个对角线,U_2 和 U_1 的频率相同(要求 U_2、U_1 在正位移时同频同相,在负位移时同频反相),且 $U_2 > U_1$;R_L 为负载电阻,输出电压 U_L 从变压器 T_1 和 T_2 的中心抽头引出。

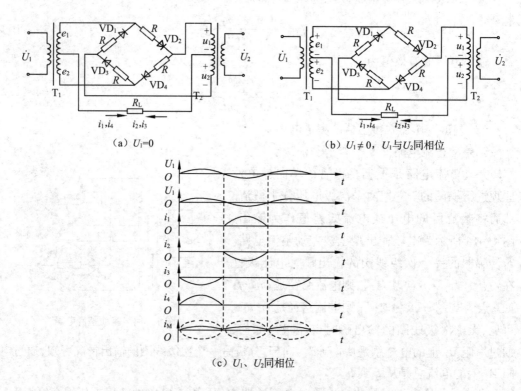

图 4 – 16　二极管相敏检波电路和波形

下面分析相敏检波电路的工作原理。

当衔铁在中间位置时,传感器输出电压 $U_1 = 0$。如图 4 - 16(a)所示,由于 U_2 的作用,在正半周时电流 i_4 自 u_1 的正极出发,流过 VD_4,再经过变压器 T_1 的下部线圈,自左向右经过负载电阻 R_L(规定该方向为正方向)后回到 u_1 的负极。i_4 的大小为

$$i_4 = \frac{u_1}{R + R_L} \tag{4 - 19}$$

电流 i_3 自 u_2 的正极出发,自右向左经过负载电阻 R_L,经过变压器 T_1 的下部线圈,再流过 VD_1,然后回到 u_2 的负极。i_3 的大小为

$$i_3 = \frac{u_2}{R + R_L} \tag{4 - 20}$$

因为是从中心抽头,所以 $u_1 = u_2$,故 $i_3 = i_4$。流过 R_L 的电流为两个电流的代数和,即 $i_o = i_4 - i_3 = 0$(i_3 与 i_4 方向相反)。在负半周时,电流 i_1 自 u_2 的正极出发,流过 VD_1,再经过变压器 T_1 的上部线圈,自左向右经过负载电阻 R_L(方向为正)后回到 u_2 的负极;电流 i_3 自 u_1 的正极出发,自右向左经过负载电阻 R_L 和变压器 T_1 的上部线圈,再流过 VD_2,然后回到 u_1 的负极。

$$\begin{cases} i_1 = \dfrac{u_2}{R + R_L} \\ i_2 = \dfrac{u_1}{R + R_L} \end{cases} \tag{4 - 21}$$

同理可知 $i_1 = i_2$,电流输出也为 0。

当衔铁在零位以上移动时,U_1 与 U_2 同频同相。如图 4 - 16(b)所示,在正半周时由于 $U_2 > U_1$,电流 i_4 的流向与 $U_1 = 0$ 时完全相同,只是回路中多了一个与 u_1 同向串联的电压 e_2,故有

$$i_4 = \frac{u_1 + e_2}{R + R_L} \tag{4 - 22}$$

负半周时,电流 i_1 的流向与 $U_1 = 0$ 时完全相同,只是回路中多了一个与 u_2 同向串联的电压 e_1,故有

$$i_1 = \frac{u_2 + e_1}{R + R_L} \tag{4 - 23}$$

电流 i_2 的流向与 $U_1 = 0$ 时也一样,只是回路中多了一个与 u_1 反向串联的电压 e_1,故有

$$i_2 = \frac{u_1 - e_1}{R + R_L} \tag{4 - 24}$$

衔铁在零位以下移动时,U_1 与 U_2 同频反相。在 U_2 为正半周,U_1 为负半周时,由于 $U_2 > U_1$,电流 i_4 的流向与上移时相同,只是回路中 u_1 与 e_2 是反向串联的,故有

$$i_4 = \frac{u_1 - e_2}{R + R_L} \tag{4 - 25}$$

电流 i_3 的流向与上移时也一样,只是回路中 u_2 与 e_2 是同向串联的,故有

$$i_3 = \frac{u_2 + e_2}{R + R_L}$$

$$(4-26)$$

综上所述,经过相敏检波电路后,正位移输出正电压,负位移输出负电压。电压值的大小表明位移的大小,电压的正负表明位移的方向。因此,差动变压器的输出经过相敏检波以后,特性曲线由图4-17(a)变成4-17(b),可见残余电压自动消失。

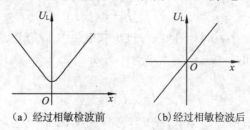

(a) 经过相敏检波前　　　　(b) 经过相敏检波后

图4-17　相敏检波前后的输出特性曲线

 # 任务 2　光栅式传感器测量位移

 任务描述

20世纪50年代,人们开始利用光栅的莫尔条纹现象进行精密测量,从而出现了光栅式传感器。现在人们把这种光栅称为计量光栅,以区别于其他光栅。由于它原理简单、装置也不十分复杂、测量精度高、可实现动态测量、具有较强的抗干扰能力,广泛应用于位移和角度的精密测量。

 任务目标

- 掌握光栅式传感器测量位移的工作原理、连接方式
- 了解光栅式传感器的种类、型号及参数
- 了解光栅式传感器的结构、应用场合

 任务分析

光栅是利用光学原理进行工作,因而不需要复杂的电子系统。它具有测量精度高、测量范围大、信号抗干扰能力强等优点,在对传统机床进行数字化改造过程及现代数控机床中得到广泛的应用。

任务实施

一、任务准备

光栅是由很多等节距的透光缝隙和不透光或者反射光和不反射光的刻线均匀相间排列成的光学器件,如图4-18所示,a 为透光缝隙宽度,b 为栅线宽度,w($= a + b$)为光栅栅距(也称光栅节距或光栅常数)。利用光栅制成的光栅传感器可以实现精确的位移测量,常用于高精度机床和仪器的精密定位或长度、速度、加速度及振动等方面的测量。

图4-18 长型光栅

光栅的种类很多,按其原理和用途不同,可分为物理光栅和计量光栅。物理光栅是利用光的衍射现象制造的,主要用于光谱分析和光波长等物理量的测量。计量光栅是利用光的透射和反射现象制造的,常用于位移测量,具有很高的分辨力,可达0.1 μm。

计量光栅根据光线的传送方向分为透射式光栅和反射式光栅。透射式光栅一般是用光学玻璃做基体,在其上均匀地刻画间距、宽度相等的条纹,形成连续的透光区和不透光区;反射式光栅一般使用具有强反射能力的材料(如不锈钢)做基体,在其上用化学方法制出黑白相间的条纹,形成反光区和不反光区。

计量光栅根据光栅的形状和用途分为长光栅和圆光栅。长光栅用于直线位移测量,故又称为直线光栅;圆光栅用于角位移测量,二者工作原理基本相同。

近年来,我国自行设计、制造了很多测量长度和角度的光栅式计量仪器,如成都远恒精密测控技术有限公司生产的BG1型线位移传感器、长春光机数显技术有限责任公司生产的SGC系列等,表4-1给出了成都远恒精密测控技术有限公司生产BG1系列位移传感器的主要技出参数。本产品采用光栅常数相等的透射式标尺光栅和指示光栅付,运用了裂相技术和零位标记,从而使传感器具有优异的重复定位性、高等级的测量精度。防护密封采用特殊的耐油、耐腐、高弹性及抗氧化塑胶,防水、防尘性能优良,使用寿命长,体积小,重量轻,适用于机床、仪器中做长度测量,坐标显示和数控系统的自动测量等。表4-1给出了BG1系列位移传感器的主要技术参数。

表4-1   BG1 型线位移传感器的电参数

型号	BG1A	BG1B	BG1C
光栅栅距	20 μm(0.020 mm)、10 μm(0.010 mm)		
光栅测量系统	透射式红外光学测量系统,高等级的性能的光栅玻璃尺		
读数头滚动系统	垂直式五轴承滚动系统,优异的重复定位性,高等级的测量精度	45°五轴承滚动系统,优异的重复定位性,高等级的测量精度	

（续表）

型号	BG1A	BG1B	BG1C
防护尘密封	采用特殊的耐油、耐蚀、高弹性及抗老化塑胶,防水、防尘优良,使用寿命长		
分辨率	0.5 μm	1 μm	5 μm
有效行程	50～3 000 mm 每隔 50 mm 为一种长度规格（整体光栅不接长）		
工作速度	>60 m/min		
工作环境	温度 0℃～50℃　湿度≤90［(20±5)℃］		
工作电压	5 V±5%　12 V±5%		
输出信号	TTL 正弦波（相位相差 90°的 A、B 两个正弦波信号）		

表 4－2 和表 4－3 给出了长春光机数显技术有限公司 SGC 系列光栅位移传感器的技术参数。

表 4－2　　　　　　　　　　SGC 光栅位移传感器的主要参数

主型号	SGC－5
输出信号	TTL、HTL、RS－422、～1V$_{pp}$
有效量程(mm)	100～1 500
零位参考点	每 50 mm 一个、每 200 mm 一个、距离编码
栅距(mm)	0.02(50 线对／mm)、0.04(25 线对／mm)
分辨率(μm)	10、5、1、0.5
精度(μm)	±10、±5、±3 (20℃、1 000 mm)
响应速度(m/min)	60、120、150
工作温度(℃)	0～50
存储温度(℃)	－40～55

表 4－3　　　　　　　　　SGC 光栅位移传感器的电信号输出参数

输出形式	TTL 方波输出	HTL 方波输出	RS－422 信号	正弦波 1 V$_{pp}$
输出信号	A、B 两路方波相位差 90°	A、B 两路方波相位差 90°	A、B 两路方波及其反相信号/A√B	A、B 两路正弦电压信号～1V$_{pp}$,相位差 90°,幅值 ＝1V$_{pp}$ ±20%
电源电压	5V ± 5%/＜100 mA	(12 V、15 V、18 V、24 V) ±5%/＜150 mA	5 V ± 5%/＜150 mA	5 V ± 5%/＜100 mA
最大电缆长度	20 m	30 m	100 m	20 m
信号周期	40 μm、20 μm、4 μm、2 μm、0.4 μm			

由表 4－2、表 4－3 可知,光栅位移传感器的输出信号为两个相位相差 90°的信号,在

实际应用中,主要任务就是对传感器输出的信号进行放大、整形、辨向、细分及计数,根据计数结果计算出位移量。

二、任务实施

光栅传感器在几何测量领域有着广泛的应用,除了在与直线位移和角位移测量有关的精密仪器使用外,在振动、速度、应力、应变等机械量的测量中也有应用。

图 4－19 所示的光栅测量系统中,A、B 两组光电池用于接收光栅移动时产生的莫尔条纹明暗信号,其中 A、A'(或 B、B')为差动信号,起到抗传输干扰的作用;A 组和 B 组的光电池之间彼此错开 $w/4$,使莫尔条纹经光电转换后形成的脉冲信号相位相差 90°,这样可以根据相位的超前和滞后来判别光栅移动的方向。

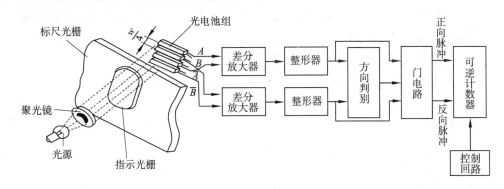

图 4－19　光栅测量系统

上述两组信号,经差动放大、整形、鉴向等电路的处理(图 4－20)后,就可根据莫尔条纹的移动方向形成正向脉冲或反向脉冲,用可逆计数器进行计数,测量出光栅的实际位移。

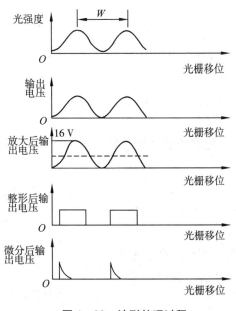

图 4－20　波形处理过程

三、任务检测

1. 接电源后数显表无显示

(1)检查电源线是否断线,插头接触是否良好。

(2)数显表电源保险丝是否熔断。

(3)供电电压是否符合要求。

2. 数显表不计数

(1)将传感器插头换至另一台数显表,若传感器能正常工作,说明原数显表有问题。

(2)检查传感器电缆有无断线、破损。

3. 数显表间断计数

(1)检查光栅尺安装是否正确,光栅尺所有固定螺钉是否松动,光栅尺是否被污染。

(2)插头与插座是否接触良好。

(3)光栅尺移动时是否与其他部件刮碰、摩擦。

(4)检查机床导轨运动副精度是否过低,造成光栅工作间隙变化。

4. 数显表显示报警

(1)没有接光栅传感器。

(2)光栅传感器移动速度过快。

(3)光栅尺被污染。

5. 光栅传感器移动后只有末位显示器闪烁

(1)A 或 B 相无信号或不正常,或只有一相信号。

(2)有一路信号线不通。

(3)光敏三极管损坏。

6. 移动光栅传感器只有一个方向计数,而另一个方向不计数(即单方向计数)

(1)光栅传感器 A、B 信号输出短路。

(2)光栅传感器 A、B 信号移相不正确。

(3)数显表有故障。

7. 读数头移动发出"吱吱"声或移动困难

(1)密封胶条有裂口。

(2)指示光栅脱落,标尺光栅严重接触摩擦。

(3)下滑体滚珠脱落。

(4)上滑体严重变形。

8. 新光栅传感器安装后,其显示值不准

(1)安装基面不符合要求。

(2)光栅尺尺体和读数头安装不合要求。

(3)严重碰撞使光栅副位置变化。

任务评价

1. 是否掌握光栅式传感器测量位移的工作原理、连接方式。
2. 是否了解光栅式传感器的种类、型号及参数。
3. 是否了解光栅式传感器的结构、应用场合。

相关知识

1. 光栅传感器工作原理

光栅传感器主要由光源、光栅副和光敏元件三大部分组成,如图 4-21 所示。其中光栅副由标尺光栅(也称主光栅)和指示光栅组成,标尺光栅和指示光栅的刻线完全一样,二者叠合在一起,中间保持很小的间隙(0.05~0.1 mm),并使二者栅线形成很小的夹角 θ,测量时主光栅不动,指示光栅安装在运动部件上,随运动部件在和标尺光栅栅线垂直的方向上移动,二者相对运动。在两光栅刻线重合处,光从缝隙透过,形成亮带,如图 4-22 中 $a-a$ 线所示;在两光栅刻线的错开处,由于相互挡光作用而形成暗带,如图 4-22 中 $b-b$ 线所示。这种由亮带和暗带形成的明暗相间的条纹称为莫尔条纹,条纹方向与刻线方向近似垂直,通常在光栅的适当位置安装两个光电传感器(指示光栅刻线之间及与其相差 1/4 栅距的地方,保证其相位相差 90°)。当指示光栅沿水平方向自左向右移动时,莫尔条纹的亮带和暗带($a-a$ 线和 $b-b$ 线)将顺序自下向上移动,不断地掠过光敏元件,光敏元件检测到的光信号按强—弱—强循环变化,光敏元件输出类似于正弦波的交变信号,每移动一个栅距 w,光强变化一个周期,如图 4-23 所示。

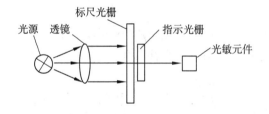

图 4-21 光栅传感器的组成

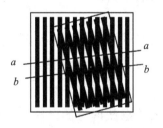
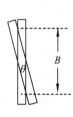

图 4-22 莫尔条纹

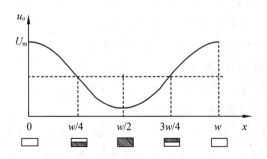

图 4-23 光栅位移与光强及输出电压的关系

莫尔条纹的基本特征:

(1)莫尔条纹是由光栅的大量刻线共同形成的,对光栅的刻线误差有平均作用,从而能在很大程度上消除光栅刻线不均匀引起的误差。

(2)当两光栅沿与栅线垂直方向相对移动时,莫尔条纹则沿光栅刻线方向移动(二者的运动方向方向相互垂直);光栅反向移动,莫尔条纹亦反向移动。图4-22中,当指示光栅向右移动时,莫尔条纹向上运动。

(3)莫尔条纹的间距是放大的光栅栅距,它随着光栅刻线夹角而改变。由于θ很小,其关系可用下式表示:

$$B = \frac{w}{\sin\theta} \approx \frac{w}{\theta} \qquad (4-27)$$

式中,B是莫尔条纹间距;w是光栅栅距;θ是两光栅刻线夹角,必须以弧度(rad)为单位。

从式(4-27)中可知,θ越小,B越大,相当于把微小的栅距扩大了$\frac{1}{\theta}$倍。由此可见,计量光栅起到光学放大作用。例如,对25线/mm长光栅而言,$w = 0.04$ mm,若$\theta = 0.02$ rad,则$B = 2$ mm。计量光栅的光学放大作用与安装角度有关,而与两光栅的安装间隙无关。莫尔条纹的宽度必须大于光敏元件的尺寸,否则光敏元件无法分辨光强的变化。

(4)莫尔条纹移过的条纹数与光栅移过的刻线数相等。例如,采用100线/mm光栅时,若光栅移动了1 mm,则从光电元件面前掠过的莫尔条纹数为100条,光电元件也将产生100个脉冲,通过对脉冲进行计数,即可知道实际的移动距离。

2.辨向原理及细分技术

(1)辨向原理

如果传感器只安装一套光敏元件,则在实际应用中,无论光栅做正向移动还是反向移动,光敏元件产生的正弦信号都相同,无法知道移动的方向。要想知道移动的方向,必须要设置辨向电路。

通常可以在沿光栅线的方向上相距$\frac{1}{4}$栅距的距离上安装两套光电元件(得到sin和cos两个信号),这样就可以得到两个相位相差90°的电信号$u_{\sin}$和$u_{\cos}$。经放大、整形后得到$u_{\sin}'$和$u_{\cos}'$两个方波信号,分别送到图4-24所示的辨向电路。当指示光栅向右运动时,由图4-25(a)可以

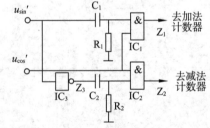

图4-24 辨向电路

看出,$u_{\sin}'$的上升沿经微分电路后产生的尖脉冲正好与$u_{\cos}'$的高电平相与,与门IC_1处于打开状态,与门IC_1输出计数脉冲,表示正向移动。而$u_{\cos}'$经IC_3反相后产生微分脉冲被$u_{\cos}'$的低电平封锁,与门IC_2输出低电平。反之,当指示光栅向左移动时,由图4-24可以看出,IC_1关闭,IC_2产生计数脉冲,IC_1输出低电平[图4-25(b)]。将IC_1和IC_2的输出分别送到可逆计数器的加法计数端和减法计数端,用计数值n与栅距相乘,则可得到相对

于某个参考点的位移量,即

$$x = n \cdot w \tag{4-28}$$

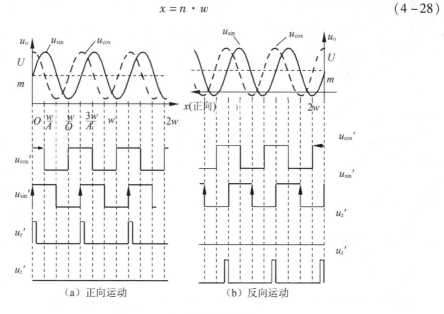

图 4-25 正反向运动波形图

(2)细分技术

由前所述,若只对光栅传感器输出的脉冲信号进行计数,其分辨率是一个栅距 w,在有些要求精密的测量系统中,则要求更高的分辨力,此时可以采用细分技术。所谓细分技术,是指在不增加光栅刻线的情况下提高光栅的分辨力,即在一个栅距 w 内能得到更多的脉冲个数,则其分辨力比 w 更小。细分主要是采用倍频法来实现,常见的有四倍频和十六倍频。

任务 3 光电编码器测量位移

任务描述

光电编码器用光电方法将转角和位移转换为各种代码形式的数字脉冲,是集光、机、电、精密技术于一体的高技术的检测装置。通过光电转换,可以将传输给轴的机械量、旋转位移等参量转换成相应的电脉冲或数字量输出。光电编码器具有体积小、重量轻、功能全、频率高、分辨率高、可靠性好、耗能低、坚固耐用等特点。作为传感元件,已广泛应用于天文望远镜、军事雷达、定向陀螺仪、机器人及精密转台等系统中。

‖任务目标‖

- 掌握光电编码测量位移的工作原理、连接方式
- 会正确选用光电编码器
- 了解光电编码器的结构、应用场合

‖任务分析‖

光电编码器是一种通过光电转换将输出轴上的机械几何位移量转换成脉冲或数字量的传感器,是目前应用最多的传感器。

‖任务实施‖

一、任务准备

光电编码器的主要参数:

(1)输出脉冲数/转。即编码器的轴旋转一圈所输出的脉冲数。

(2)最高频率响应。即在 1 s 内能响应的最大脉冲数。

(3)最高转速。即可响应的最高转速,在此转速下发生的脉冲能够被响应。

(4)信号输出方式:

①电压输出。由共射极集体管电路输出,其输出电压随输出电流变化而有所变化。

②集电极开路输出。直接从晶体管的集电极输出,使用时需要外加电源。

③推挽输出。输出信号"1"时,上端晶体管导通,下端晶体管截止;输出信号"0"时,上端晶体管截止,下端晶体管导通。推挽输出方式能够增加输出驱动能力,可以增加信号的传输距离。

④线驱动输出。按照 RS – 422A 标准的数据传送电路,可使用双绞线电缆进行长距离传送。

(5)轴允许负荷。表示可加载轴上的最大负荷,有径向负荷和轴向负荷两种。径向负荷力与推、拉轴的力有关,这两个力的大小影响轴的机械寿命。

表 4 - 4 中列出的是几种增量型编码器的技术指标,表 4 - 5 中列出的是几种绝对型编码器的技术指标。

表 4 - 4   几种增量型编码器的技术指标

型号		OEK	NE	NEH
脉冲数/$(P \cdot r^{-1})$		50 ~ 600	1 000 ~ 5 000	25 000
输出信号		A 相、B 相 、Z 相	A 相、B 相 、Z 相	A 相、B 相 、Z 相
输出形式 (DC)(V)	电压输出	5 ~ 12		
	集电极开路	12 ~ 24	12 ~ 24	
	推挽输出			
	线驱动输出		5	5

（续表）

型号		OEK	NE	NEH
最高响应频率(kHz)		200	200	1 300
轴负荷(N)	轴向	39.2	49.0	39.2
	径向	78.4	98.0	78.4
最高转速(r·min⁻¹)		6 000	5 000	3 000
使用温度(℃)		-10~70	-5~60	-10~70
防护等级		IP50	IP54	IP64

表4-5　　　　　　　　　　　几种绝对型光电编码器

型号		AEW	ASC	ASS	
输出码		格雷码负逻辑	二进制负逻辑	BCD码负逻辑	格雷码负逻辑
分辨率		64、256	8位、10位	360(10位)	8位、10位
输出形式 (DC)(V)	电压输出	5~12	5~12		5~12
	集电极开路	5~12	5~12	5~12	5~12
	推挽输出		24		24
	线驱动输出				
最高响应频率(kHz)		5	10		20
轴负荷(N)	轴向	9.8	29.4		29.4
	径向	29.4	49.0		98.4
最高转速(r·min⁻¹)		6 000	5 000		5 000
使用温度(℃)		-10~55	-10~70		-10~70
防护等级		IP50	IP64		IP64

二、任务实施

电脑绣花机是一种最为复杂的缝纫设备,可在电脑控制下完成一切花样的缝绣动作。电脑和机头机械是绣花机的主体,光电增量编码器则是实现对机头机械自动运行控制的主要部件。

光电增量编码器在电脑绣花机中的作用就是确定机头针杆进针的位置。图4-26所示为电脑绣花机控制信号产生电路框图。

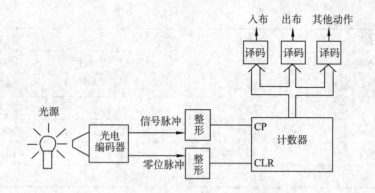

图 4 - 26 电脑绣花机控制信号产生电路框图

光电编码器每转一圈,输出 1 024 个信号脉冲和 1 个零位脉冲。它们经过整形后,信号脉冲加到计数器的计数脉冲端,当计数到 327 和 654 时,译码器分别译出入布、出布和其他信号,该信号经过光隔离后输出给电脑,电脑根据出布信号控制 X、Y 方向的步进电动机动作。电脑接收到入布信号后,从内存中读取移针所必要的数据以及其他的控制动作信号。这样就可以控制绣机正常运转、完成绣品的刺绣。

三、任务检测

光电检测装置的发射和接收装置都安装在生产现场,在使用中暴露出许多问题,有内在因素也有外在因素,主要表现在以下几个方面:

(1)发射装置或接收装置因机械振动等原因而引起移位或偏移,导致接收装置不能可靠地接收到光信号,从而不能产生电信号。例如,光电编码器应用在轧钢调速系统中,因光电编码器是直接用螺栓固定在电动机的外壳上,光电编码器的轴通过较硬的弹簧片和电动机转轴相连,因电动机所带负载是冲击性负载,当轧机过钢时会引起电动机转轴和外壳的振动。经测定,过钢时光电编码器振动速度为 2.6 mm/s,这样的振动速度会影响光电编码器的内部功能,造成误发脉冲,从而导致控制系统不稳定或误动作,导致事故发生。

(2)因光电检测装置安装在生产现场,受生产现场环境因素影响,导致光电检测装置不能可靠地工作。例如,安装部位温度高、湿度大,导致光电检测装置内部的电子元件特性改变或损坏。再如,在连铸机送引锭跟踪系统中,由于光电检测装置安装的位置靠近铸坯,环境温度高而导致光电检测装置误发出信号或损坏,从而引发生产或人身事故。

(3)生产现场的各种电磁干扰源对光电检测装置产生干扰,导致光电检测装置输出波形发生畸变失真,使系统误动或引发生产事故。例如,光电检测装置安装在生产设备本体,其信号经电缆传输至控制系统的距离一般在 20 ~ 100 m,传输电缆虽然一般都选用多芯屏蔽电缆,但由于电缆的导线电阻及线间电容的影响,再加上和其他电缆在一起敷设,极易受到各种电磁干扰的影响,会引起波形失真,从而使反馈到调速系统的信号与实际值之间出现偏差,导致系统精度下降。

改进措施如下：

（1）改变光电编码器的安装方式。光电编码器不再安装在电动机外壳上,而是在电动机的基座上制作一固定支架来独立安装光电编码器,光电编码器轴与电动机轴中心必须处于同一水平高度,两轴采用软橡胶或尼龙软管连接,以减轻电动机冲击负载对光电编码器的机械冲击。采用此方式后经测振仪检测,其振动速度降至 1.2 mm/s。

（2）合理选择光电检测装置输出信号传输介质,采用双绞屏蔽电缆取代普通屏蔽电缆。双绞屏蔽电缆具有两个重要的技术特性,一是对电缆受到的电磁干扰具有较强的防护能力,因为空间电磁场在线上产生的干扰电流可以互相抵消。双绞屏蔽电缆的另一个技术特点是互绞后两线间距很小,两线对干扰线路的距离基本相等,两线对屏蔽网的分布电容也基本相同,这对抑制共模干扰效果更加明显。

（3）利用 PLC 软件监控或干涉。在连铸生产的送引锭过程要求光电检测装置产生有时序性的电信号,同时该信号与整个过程不同阶段相对应,如图 4－27 所示。

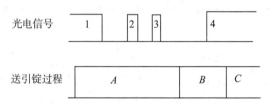

图 4－27　送引锭过程和光电信号关系

①送引锭过程启动前,光电信号 1 为"1"。

②送引锭过程启动后,在 A 阶段,辊道启动,引锭杆上送。当引锭杆挡住光电装置发射出的红外光时,光电信号为"0";当红外光透过引锭杆中部 2 个小圆孔时,光电装置发出信号 2 和 3,均为"1"。

③送引锭过程在 B 阶段,光电信号为"0",辊道停下,引锭杆暂停上送,扇形 10 段压下,启动拉矫机和"同步 1",引锭杆继续上送。

④送引锭过程在 C 阶段,引锭杆上送,并不再挡住红外光,光电信号 4 为"1",启动"同步 2",停下"同步 1",引锭杆继续上送。至此光电装置工作过程结束。

根据光检测电装置的工作过程,只要现场测定送引锭过程中各个光电信号发生的时间,结合送引锭过程与光电信号的关系,利用 PLC 应用程序中的相关数据,编制符合要求的PLC 程序,将 PLC 程序输出信号输入至 PLC 的输入模块,替代原光电信号的输入信号。其程序框图如图 4－28 所示。

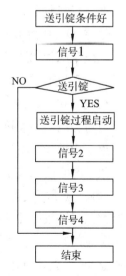

图 4－28　程序框图

任务评价

1. 是否能掌握光电编码测量位移的工作原理、连接方式。
2. 是否能正确选用光电编码器。
3. 是否能了解光电编码器的结构、应用场合。

相关知识

光电编码器是一种通过光电转换将输出轴上的机械几何位移量转换成脉冲或数字量的传感器,是目前应用最多的传感器。光电编码器是由光栅盘和光电检测装置组成。光栅盘是在一定直径的圆板上等分地开通若干个长方形孔。由于光电码盘与电动机同轴,电动机旋转时光栅盘与电动机同速旋转,经发光二极管等电子元件组成的检测装置检测输出若干脉冲信号,其原理示意图如图 4-29 所示。通过计算每秒光电编码器输出脉冲的个数就能反映当前电动机的转速。此外,为判断旋转方向,码盘还可提供相位相差 90° 的两路脉冲信号。

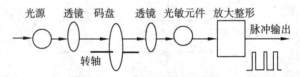

图 4-29 光电编码器原理图

根据检测原理,编码器可分为光学式、磁式、感应式和电容式;根据其刻度方法及信号输出形式,可分为增量式、绝对式以及混合式三种。

1. 增量式编码器

增量式编码器是直接利用光电转换原理输出 3 组方波脉冲 A、B 和 Z 相;A、B 两组脉冲相位差 90°,从而可方便地判断出旋转方向,而 Z 相为每转一个脉冲,用于基准点定位。它的优点是原理构造简单,机械平均寿命可在几万小时以上,抗干扰能力强,可靠性高,适合于长距离传输;缺点是无法输出轴转动的绝对位置信息。

2. 绝对式编码器

绝对编码器是直接输出数字量的传感器,在它的圆形码盘上沿径向有若干同心码道,每条道上由透光和不透光的扇形区相间组成,相邻码道的扇区数目是双倍关系,码盘上的码道数就是它的二进制数码的位数,在码盘的一侧是光源,另一侧对应每一码道有一光敏元件;码盘处于不同位置时,各光敏元件根据受光照与否转换出相应的电平信号,形成二进制数。这种编码器的特点是不要计数器,在转轴的任意位置都可读出一个固定的与位置相对应的数字码。显然,码道越多,分辨率就越高,对于一个具有 n 位二进制分辨率的编码器,其码盘必须有 n 条码道。目前国内已有 16 位的绝对编码器产品。绝对式编码器是利用自然二进制或循环二进制(葛莱码)方式进行光电转换的。绝对式编码器可有若干编码,根据读出码盘上的编码,检测绝对位置。编码的设计可采用二进制码、循环码、二进制补码等。绝对式编码器的特点是:可以直接读出角度坐标的绝对值;没有累积误差;电源切除后位置信息不会丢失,但分辨率是由二进制的位数来决定的,也就是说精度取决于位数,目前有 10 位、14 位等多种。

3. 混合式绝对值编码器

混合式绝对值编码器输出两组信息:一组信息用于检测磁极位置,带有绝对信息功能;另一组则完全与增量式编码器的输出信息相同。

 单元小结

本单元主要介绍了位移测量传感器。根据传感器工作原理不同,位移测量传感器可分为电感式、光栅式和光电编码器式等。

电感式位移传感器的工作原理是建立在电磁感应基础上的,它是利用自感的原理,将位移的变化转换为自感的变化,再由测量电路转换为电流或电压的变化。它具有工作可靠、抗干扰能力强、输出功率较大、分辨率较高、稳定性好等优点;缺点是灵敏度、线性度和测量范围相互制约,传感器自身响应频率低,不适用于快速动态测量。光栅是利用光学原理进行工作的,因而不需要复杂的电子系统。它具有测量精度高、测量范围大、信号抗干扰能力强等优点,在对传统机床进行数字化改造及现代数控机床中得到广泛的应用。光电编码器是一种高精度的角度测量传感器,是集光、机、电、精密技术于一体的高技术的检测装置。通过光电转换,可以将轴的机械量、旋转位移等参量转换成相应的电脉冲或数字量输出。光电编码器具有体积小、重量轻、功能全、频率高、分辨率高、可靠性好、耗能低、坚固耐用等特点,作为传感元件已广泛应用于天文望远镜、军事雷达、定向陀螺仪、机器人及精密转台等系统中。

本单元知识点梳理

任务名称	知识点
任务 1 电感式传感器测量位移	1. 电感式传感器测量位移的工作原理、连接方式 2. 电感式传感器的种类、温度补偿 3. 普通工业电感式传感器的结构、应用场合
任务 2 光栅式传感器测量位移	1. 光栅式传感器测量位移的工作原理、连接方式 2. 光栅式传感器的种类、型号及参数 3. 光栅式传感器的结构、应用场合
任务 3 光电编码器测量位移	1. 光电编码测量位移的工作原理、连接方式 2. 正确选用光电编码器 3. 了解光电编码器的结构、应用场合

 **综合测试**

一、填空题

1. 按磁路几何参数变化的形式不同,目前常用的电感式传感器有_____、_____和_____式等3种。

2. 电感式位移测量电路系统主要由_____、_____、_____、_____和_____等5部分组成。

3. 对于变隙式电感传感器,电感 L 与气隙厚度 δ 成_____比,δ 小则灵敏度就_____。

4. 光栅传感器是根据_____原理制成的。

5. 根据其刻度方法及信号输出形式,光电编码器可分为_____、_____以及_____等3种。

二、选择题

1. 差动变压器式传感器的输出是交流电压,只能反映衔铁位移的大小,不能反映位移的方向。利用( )能达到辨别移动方向的目的。
   A. 调频电路   B. 放大电路   C. 相敏检波电路   D. 交流电桥

2. 差动式电感传感器灵敏度约为非差动式电感传感器的( )。
   A. 2 倍   B. 3 倍   C. 1.5 倍   D. 4 倍

3. 自感式传感器又称为变磁阻式,由线圈、铁芯、衔铁三部分构成。线圈套在铁芯上,在铁芯与衔铁之间有一个空气隙,空气隙厚度为 δ。传感器的运动部分与衔铁相连。外部作用力作用在传感器的运动部分时,衔铁将会运动而产生位移,使空气隙厚度 δ 发生变化。这种结构可作为传感器用于( )。
   A. 静态测量   B. 动态测量
   C. 静态测量和动态测量   D. 既不能用于静态测量,也不能用于动态测量

4. 螺线管式自感传感器采用差动结构,是为了( )。
   A. 加长线圈的长度从而增加线性范围   B. 提高灵敏度,减小温漂
   C. 降低成本   D. 增加线圈对衔铁的吸引力

5. 在光栅位移传感器辨别方向的电路中,采用的信号相位差可取( )。
   A. 0°   B. 90°   C. 180°   D. 360°

三、简答题

1. 电感式传感器根据工作原理可以分为几类? 电感式传感器的基本原理是什么?

2. 简述光栅测量装置的工作原理。

3. 光电编码器在现场中安装的缺陷有哪些？改进措施有哪些？

4. 实操题

(1)利用电感式传感器工作原理来测量位移。

(2)利用差动变压器来进行振动测量。

单元五 液位的测量

单元概述

　　液位检测在许多控制领域已较为普遍,各种类型的液位检测传感器较多,按原理分为浮子式、压力式、超声波式、吹气式等。各种方式都根据其需要设计完成,其结构、量程和精度适用于各自不同的场合,大多结构较为复杂,制造成本偏高。市面上也有现成的液位计,有投入式、浮球式、弹簧式等。

　　电容式传感器液位测量装置是一种常用液位检测装置。比如,汽车油箱的油量多少直接关系可持续行车的里程,是驾驶员需要知道的重要参数。我们可以从汽车仪表盘的油量指示表读出油箱中的油量。那么,油量是如何测量的呢? 大多数车辆采用的就是电容式传感器。

　　在工业生产中,经常会使用密闭容器来储存高温、有毒、易挥发、易燃、易爆、强腐蚀性等液体介质,对这些容器的液位检测必须采用非接触式测量,一般采用超声波液位传感器。

　　电容式传感器和超声波传感器的工作原理是什么? 其结构、特点如何? 这就是我们本单元学习的目标。

任务 1 电容式传感器测量液位

任务描述

电容式传感器是一种将被测量的物理量转换为电容量变化,随后由测量电路将电容量的变化转换为电压、电流或频率信号输出,完成对被测物理量的测量的传感器。它的敏感部分就是具有可变参数的电容器。

电容式传感器的优点是结构简单,价格便宜,灵敏度高,零磁滞,真空兼容,过载能力强,动态响应特性好和对高温、辐射、强振等恶劣条件的适应性强等;缺点是输出有非线性,寄生电容和分布电容对灵敏度和测量精度的影响较大,以及连接电路较复杂等。

任务目标

- 了解电容式传感器的分类与基本结构
- 掌握电容式传感器选用原则
- 知道电容式传感器的应用场合和应用方法

任务分析

电容式传感器可以在线检测压电微位移、振动台,电子显微镜微调,天文望远镜镜片微调,精密微位移测量等。本任务主要讲述电容式传感器做电容式液位计使用。

任务实施

一、任务准备

电容式液位计是通过测量两个电极之间电容量的变化来测量液面高低的液位仪表,在化工等领域应用广泛。电容式液位计是依据电容感应原理制作的,当被测介质浸没测量电极的高度变化时,引起其电容变化。它可将各种物位、液位介质高度的变化转换成标准电流信号,远传至操作控制室供二次仪表或计算机装置进行集中显示、报警或自动控制,其良好的结构及安装方式可适用于高温、高压、强腐蚀,易结晶,防堵塞,防冷冻及固体粉状、粒状物料。它可测量强腐蚀型介质的液位,测量高温介质的液位,测量密封容器的液位,与介质的黏度、密度、工作压力无关。图 5 − 1 所示为电容式液位计的实物图。

图 5 - 1 电容式液位计的实物图

二、任务实施

本设计采用筒式电容传感器采集液位的高度,主要利用其两电极的覆盖面积随被测液体液位的变化而变化,从而引起对应电容量变化的关系进行液位测量。从传感器得出的电压一般在 0 ~ 30 mV 之间,太小而不易测量,所以要通过放大电路进行放大。从放大电路出来的是模拟量,因此要送入 ADC0809 转换成数字量,ADC0809 连接于单片机,把信号送入单片机,通过单片机控制水泵的运转。显示电路连接于单片机用于显示水位的高度。该显示接口用一片 MC14499 和单片机连接以驱动数码管。

电容式液位计的系统框图如图 5 - 2 所示。

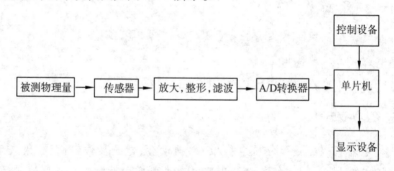

图 5 - 2 电容式液位计的系统框图

被测物理量:主要是指非电学物理量,在这里为水位。

传感器:将输入的物理量转换成相应的电信号输出,实现非电量到电量的变换。传感器的精度直接影响到整个系统的性能,是系统中一个重要的部件。

放大,整形,滤波:传感器的输出信号一般不适合直接转换为数字量,通常要进行放大、滤波等预处理。

A/D 转换器:实现将模拟量转换成数字量,常用的是并行比较型、逐次逼近式、积分式等,在此用到的是逐次逼近式。

单片机:目前的数据采集系统功能和性能日趋完善,因此主控部分一般都采用单片机。

显示设备:在此用到 8 段数码管。

控制设备:控制电动机的运行或关闭。

传感器是整个系统的检测部分,图5-3为传感器部分的结构示意图,棒状金属电极与导电液体构成电容传感器的两个极板,金属极板和导电液体既是敏感元件,又是转换元件。该传感器主要利用其两电极的覆盖面积随被测液体液位的变化而变化,从而引起对应电容量变化的关系进行液位测量。

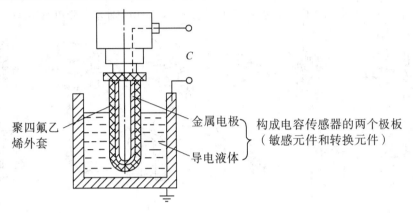

图5-3 电容式液位计中的电容传感器

三、任务检测

电容式液位计测量液位时,由于被测介质的不同,应根据现场实际情况即被测介质的性质、容器类型等选择合适的仪表。图5-4为电容式液位计的常见安装示意图。

电容式液位计的探极长度应根据现场需要选择,应稍短于容器高度,小于2.5 m时应选用棒式探极,大于2.5 m时应选用缆式探极。

测量液位时,如果容器为非金属,则应由容器顶的上端加装一条金属带或导体,并与传感器外壳接地端子可靠连接,作为一个参考电极。

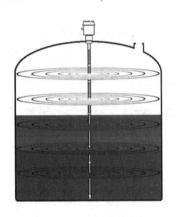

图5-4 电容式液位计的安装示意图

 相关知识

一、电容式传感器的工作原理和结构

由绝缘介质分开的两个平行金属板组成的平板电容器,如果不考虑边缘效应,其电容量为

$$C = \frac{\varepsilon S}{d} \qquad (5-1)$$

式中,ε 为电容极板间介质的介电常数,$\varepsilon = \varepsilon_0 \varepsilon_r$,其中 ε_0 为真空介电常数,ε_r 为极板

间介质的相对介电常数；S 为两平行板所覆盖的面积；d 为两平行板之间的距离。

被测参数变化使得式(5－1)中的 S、d 或 ε 发生变化时，电容量 C 也随之变化。如果保持其中两个参数不变，仅改变其中一个参数，就把该参数的变化转换为电容量的变化，通过测量电路就可转换为电学量输出。因此，电容式传感器可分为变极距型、变面积型和变介电常数型三种。图 5－5 所示为常用电容器的结构形式。图(b)(c)(d)(f)(g)和(h)为变面积型，图(a)和(e)为变极距型，而图(i)～(l)则为变介电常数型。

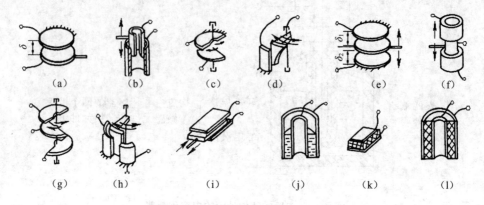

(a)　(b)　(c)　(d)　(e)　(f)

(g)　(h)　(i)　(j)　(k)　(l)

图 5－5　电容式传感元件的各种结构形式

1. 变极距型电容传感器

图 5－6 为变极距型电容式传感器的原理图。传感器的 ε_r 和 S 为常数、初始极距为 d_0 时可知其初始电容量 C_0 为 $C_0 = \dfrac{\varepsilon_0 \varepsilon_r S}{d_0}$，若电容器极板间距离由初始值 d_0 缩小了 Δd，电容量增大了 ΔC，则有

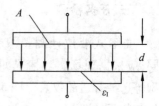

图 5－6　变极距型电容式传感器

$$C = C_0 + \Delta C = \frac{\varepsilon_0 \varepsilon_r S}{d_0 - \Delta d} = \frac{C_0}{1 - \dfrac{\Delta d}{d_0}} = \frac{C_0\left(1 + \dfrac{\Delta d}{d_0}\right)}{1 - \left(\dfrac{\Delta d}{d_0}\right)^2} \qquad (5-2)$$

若 $\dfrac{\Delta d}{d_0} < 1$ 时，$1 - \left(\dfrac{\Delta d}{d_0}\right)^2 \approx 1$，则

$$C = C_0 + C_0 \frac{\Delta d}{d_0} \qquad\qquad\qquad (5-3)$$

此时 C 与 Δd 近似为线性关系(图 5－7)，所以变极距型电容式传感器只有在 $\dfrac{\Delta d}{d_0}$ 很小时才有近似的线性关系。

可以看出，在 d_0 较小时，对于同样的 Δd 变化所引起的 ΔC 可以增大，从而使传感器灵敏度提高。但 d_0 过小，容易引起电容器击穿或短路。为此，极板间可采用高介电常数的材料(云母、塑料膜等)作为介质，如图 5－8 所示。

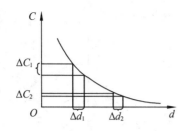

图 5 - 7　电容量与极板间距离的关系

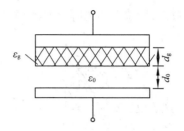

图 5 - 8　放置云母片的电容器

此时电容 C 变为

$$C = \frac{S}{\dfrac{d_{\mathrm{g}}}{\varepsilon_0 \varepsilon_{\mathrm{g}}} + \dfrac{d_0}{\varepsilon_0}} \qquad (5-4)$$

式中,ε_{g} 是云母的相对介电常数,$\varepsilon_{\mathrm{g}} = 7$;$\varepsilon_0$ 是空气的介电常数,$\varepsilon_0 = 1$;d_0 是空气隙厚度;d_{g} 是云母片的厚度。

云母片的相对介电常数是空气的 7 倍,其击穿电压不小于 1 000 kV/mm,而空气仅为 3 kV/mm。因此,有了云母片极板间起始距离可大大减小。同时,$\dfrac{d_{\mathrm{g}}}{\varepsilon_0 \varepsilon_{\mathrm{g}}}$ 项是恒定值,它能使传感器输出特性的线性度得到改善。

一般变极板间距离电容式传感器的起始电容在 20 ~ 100 pF 之间, 极板间距离在25 ~ 200 $\mu\mathrm{m}$ 的范围内。最大位移应小于间距的 $\dfrac{1}{10}$,故在微位移测量中应用最广。

2. 变面积型电容式传感器

图 5 - 9 是变面积型电容传感器原理结构示意图。被测量通过动极板移动引起两极板有效覆盖面积 S 改变,从而得到电容量的变化。动极板相对于定极板沿长度方向平移 Δx 时,则电容变化量为

$$\Delta C = C - C_0 = \frac{\varepsilon_0 \varepsilon_{\mathrm{r}} (a - \Delta x) b}{d} \qquad (5-5)$$

式中,$C_0 = \dfrac{\varepsilon_0 \varepsilon_{\mathrm{r}} ba}{d}$,为初始电容;电容相对变化量 $\dfrac{\Delta C}{C_0} = \dfrac{\Delta x}{a}$。

很明显,这种形式的传感器的电容量 C 与水平位移 Δx 为线性关系。

图 5 - 10 是电容式角位移传感器原理图。当动极板有一个角位移 θ 时,与定极板间的有效覆盖面积就发生改变,从而改变了两极板间的电容量。$\theta = 0$ 时,则

$$C_0 = \frac{\varepsilon_0 \varepsilon_{\mathrm{r}} S_0}{d_0} \qquad (5-6)$$

式中,ε_{r} 为介质相对介电常数;d_0 为两极板间距离;S_0 为两极板间初始覆盖面积。

$\theta \neq 0$ 时,则

$$C = \frac{\varepsilon_0 \varepsilon_{\mathrm{r}} S_0 \left(1 - \dfrac{\theta}{\pi}\right)}{d_0} = C_0 - C_0 \frac{\theta}{\pi} \qquad (5-7)$$

可以看出,传感器的电容量 C 与角位移 θ 为线性关系。

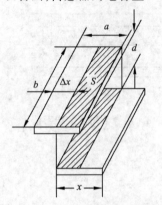
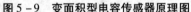

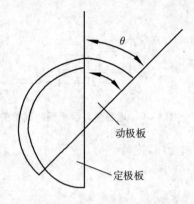

图 5-9 变面积型电容传感器原理图　　图 5-10 电容式角位移传感器原理图

图 5-11 是一种变极板间介质的电容式传感器用于测量液位高低的结构原理图。设被测介质的介电常数为 ε_1 ,液面高度为 h ,变换器总高度为 H ,内筒外径为 d ,外筒内径为 D ,此时变换器的电容值为

$$C = \frac{2\pi\varepsilon_1 h}{\ln\dfrac{D}{d}} + \frac{2\pi_1(H-h)}{\ln\dfrac{D}{d}} = \frac{2\pi\varepsilon H}{\ln\dfrac{D}{d}} + \frac{2\pi h(\varepsilon_1-\varepsilon)}{\ln\dfrac{D}{d}} = C_0 + \frac{2\pi h(\varepsilon_1-\varepsilon)}{\ln\dfrac{D}{d}} \quad (5-8)$$

$$C_0 = \frac{2\pi\varepsilon H}{\ln\dfrac{D}{d}} \quad (5-9)$$

式中,ε 为空气介电常数;C_0 为由变换器的基本尺寸决定的初始电容值。

式(5-8)表明,此变换器的电容增量正比于被测液位高度 h 。

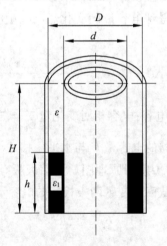

图 5-11 电容式液位变换器结构原理图

变介质型电容传感器有较多的结构形式,可以用来测量纸张、绝缘薄膜等的厚度,也可用来测量粮食、纺织品、木材或煤等非导电固体介质的湿度。图 5-12 是一种常用的结构形式。图中两平行电极固定不动,极距为 d_0 ,相对介电常数为 ε_{r2} 的电介质以不同深度

插入电容器中,从而改变两种介质的极板覆盖面积。

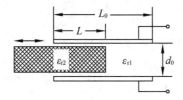

图 5 – 12　变介质型电容式传感器

传感器总电容量 C 为

$$C = C_1 + C_2 = \varepsilon_0 b_0 \frac{\varepsilon_{r1}(L_0 - L) + \varepsilon_{r2} L}{d_0} \qquad (5-10)$$

式中,L_0 和 b_0 为极板的长度和宽度;L 为第二种介质进入极板间的长度。

若电介质 $\varepsilon_{r1} = 1$,当 $L = 0$ 时,传感器初始电容为

$$C_0 = \frac{\varepsilon_0 \varepsilon_r L_0 b_0}{d_0} \qquad (5-11)$$

当被测介质 ε_{r2} 进入极板间 L 深度后,引起电容相对变化量为

$$\frac{\Delta C}{C_0} = \frac{C - C_0}{C_0} = \frac{(\varepsilon_{r2} - 1) L}{L_0} \qquad (5-12)$$

可见,电容量的变化与电介质 ε_{r2} 的移动量 L 成线性关系。

二、电容式传感器的灵敏度及非线性

电容的相对变化量为

$$\frac{\Delta C}{C_0} = \frac{1}{1 - \frac{\Delta d}{d_0}} \qquad (5-13)$$

当 $\left| \dfrac{\Delta d}{d_0} \right| \ll 1$ 时,式(5 – 13)可按级数展开,可得

$$\frac{\Delta C}{C_0} = \frac{\Delta d}{d_0} \Big[1 + \frac{\Delta d}{d_0} + \Big(\frac{\Delta d}{d_0} \Big)^2 + \Big(\frac{\Delta d}{d_0} \Big)^3 + \cdots \Big] \qquad (5-14)$$

由式(5 – 14)可见,输出电容的相对变化量 $\dfrac{\Delta C}{C_0}$ 与输入位移 Δd 之间成非线性关系,当 $\left| \dfrac{\Delta d}{d_0} \right| \ll 1$ 时可略去高次项,得到近似的线性关系:

$$\frac{\Delta C}{C_0} \approx \frac{\Delta d}{d_0} \qquad (5-15)$$

电容传感器的灵敏度为

$$k = \frac{\Delta C / C_0}{\Delta d} = \frac{1}{d_0} \qquad (5-16)$$

它说明了单位输入位移所引起的输出电容相对变化的大小与 d_0 成反比关系。

如果考虑线性项与二次项,则

$$\frac{\Delta C}{C_0} = \frac{\Delta d}{d_0}\left(1 + \frac{\Delta d}{d_0}\right) \tag{5-17}$$

由此可得出传感器的相对非线性误差 δ 为

$$\delta = \frac{(\Delta d/d_0)^2}{|\Delta d/d_0|} \times 100\% = \left|\frac{\Delta d}{d_0}\right| \times 100\% \tag{5-18}$$

可以看出:要提高灵敏度,应减小起始间隙 d_0,但非线性误差却随着 d_0 的减小而增大。

在实际应用中,为了提高灵敏度,减小非线性误差,大都采用差动式结构。图 5-13 是变极距型差动平板式电容传感器结构示意图。

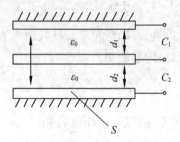

图 5-13 差动平板电容式传感器结构图

在差动式平板电容器中,当动极板位移 Δd 时,电容器 C_1 的间隙 d_1 变为 $(d_0 - \Delta d)$,电容器 C_2 的间隙 d_2 变为 $(d_0 + \Delta d)$,则

$$\left.\begin{aligned} C_1 &= C_0 \frac{1}{1 - \Delta d/d_0} \\ C_2 &= C_0 \frac{1}{1 + \Delta d/d_0} \end{aligned}\right\} \tag{5-19}$$

在 $\dfrac{\Delta d}{d_0} \ll 1$ 时,按级数展开,得

$$\left.\begin{aligned} C_1 &= C_0\left[1 + \frac{\Delta d}{d_0} + \left(\frac{\Delta d}{d_0}\right)^2 + \left(\frac{\Delta d}{d_0}\right)^3 + \cdots\right] \\ C_2 &= C_0\left[1 + \frac{\Delta d}{d_0} + \left(\frac{\Delta d}{d_0}\right)^2 - \left(\frac{\Delta d}{d_0}\right)^3 + \cdots\right] \end{aligned}\right\} \tag{5-20}$$

电容值总的变化量为

$$\Delta C = C_1 - C_2 = 2C_0\left[\frac{\Delta d}{d_0} + \left(\frac{\Delta d}{d_0}\right)^3 + \left(\frac{\Delta d}{d_0}\right)^5 + \cdots\right] \tag{5-21}$$

电容值相对变化量为

$$\frac{\Delta C}{C_0} = 2\frac{\Delta d}{d_0}\left[1 + \left(\frac{\Delta d}{d_0}\right)^2 + \left(\frac{\Delta d}{d_0}\right)^4 + \cdots\right] \tag{5-22}$$

略去高次项,则 $\dfrac{\Delta C}{C_0}$ 与 $\dfrac{\Delta d}{d_0}$ 近似成如下的线性关系:

$$\frac{\Delta C}{C_0} \approx 2\frac{\Delta d}{d_0} \tag{5-23}$$

如果只考虑线性项和三次项,则电容式传感器的相对非线性误差 δ 近似为

$$\delta = \frac{2|(\Delta d/d_0)^3|}{2|(\Delta d/d_0)|} \times 100\% = \left(\frac{\Delta d}{d_0}\right)^2 \times 100\% \tag{5-24}$$

三、电容式传感器的等效电路

电容式传感器的等效电路可以用图 5-14 所示电路表示。图中考虑了电容器的损耗和电感效应,RP 为并联损耗电阻,它代表极板间的泄漏电阻和介质损耗。这些损耗在低频时影响较大,随着工作频率增高,容抗减小,其影响就减弱。R_s 代表串联损耗,即代表引线电阻、电容器支架和极板电阻的损耗。电感 L 由电容器本身的电感和外部引线电感组成。

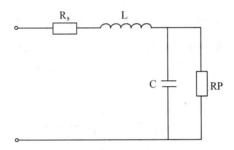

图 5-14 电容式传感器的等效电路

由等效电路可知,它有一个谐振频率,通常为几十兆赫。工作频率等于或接近谐振频率时,谐振频率破坏了电容的正常作用。因此,工作频率应该选择低于谐振频率,否则电容传感器不能正常工作。

传感元件的有效电容 C_e 可由下式求得(为了计算方便,忽略 R_s 和 RP):

$$\left.\begin{aligned}
\frac{1}{j\omega C_e} &= j\omega L + \frac{1}{j\omega C} \\
C_e &= \frac{1}{1 - \omega^2 LC} \\
\Delta C_e &= \frac{\Delta C}{1 - \omega^2 LC} + \frac{\omega^2 LC\Delta C}{(1 - \omega^2 LC)^2} = \frac{\Delta C}{(1 - \omega^2 LC)^2}
\end{aligned}\right\} \tag{5-25}$$

在这种情况下,电容的实际相对变化量为

$$\frac{\Delta C_e}{C_e} = \frac{\Delta C/C}{1 - \omega^2 LC} \tag{5-26}$$

式(5-26)表明电容式传感器的实际相对变化量与传感器的固有电感 L 及角频率 ω 有关。因此,在实际应用时必须与标定的条件相同。

四、电容式传感器的测量电路

1. 调频电路

调频测量电路把电容式传感器作为振荡器谐振回路的一部分,当输入量导致电容量

发生变化时,振荡器的振荡频率就发生变化。虽然可将频率作为测量系统的输出量,用以判断被测非电量的大小,但此时系统是非线性的,不易校正,因此必须加入鉴频器,将频率的变化转换为电压振幅的变化,经过放大就可以用仪器指示或记录仪记录下来。调频式测量电路原理框图如图 5 – 15 所示。

C_x 电容变换器

图 5 – 15 调频式测量电路原理框图

图 5 – 15 中调频振荡器的振荡频率为

$$f = \frac{1}{2\pi \sqrt{LC}} \tag{5-27}$$

式中,L 为振荡回路的电感;C 为振荡回路的总电容,$C = C_1 + C_2 + C_x$,其中 C_1 为振荡回路固有电容,C_2 为传感器引线分布电容,$C_x(= C_0 \pm \Delta C)$ 为传感器的电容。

当被测信号为 0 时,$\Delta C = 0$,则 $C = C_1 + C_2 + C_0$,所以振荡器有一个固有频率 f_0,其表示式为

$$f_0 = \frac{1}{2\pi \sqrt{(C_1 + C_2 + C_0)L}} \tag{5-28}$$

被测信号不为 0 时,$\Delta C \neq 0$,振荡器频率有相应变化,此时频率为

$$f = \frac{1}{2\pi \sqrt{(C_1 + C_2 + C_0 \pm \Delta C)L}} = f_0 \tag{5-29}$$

调频电容传感器测量电路具有较高的灵敏度,可以测量高至 0.01 μm 级位移变化量。信号的输出频率易用数字仪器测量,并与计算机通信,抗干扰能力强,可以发送、接收,以达到遥测遥控的目的。

2. 运算放大器式电路

运算放大器的放大倍数非常大,而且输入阻抗 Z_i 很高。运算放大器的这一特点可以作为电容式传感器的比较理想的测量电路。图 5 – 16 是运算放大器式电路原理图,图中 C_x 为电容式传感器电容;U_i 是交流电源电压;U_o 是输出信号电压;Σ 是虚地点。

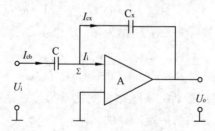

图 5 – 16 运算放大器式电路原理图

由运算放大器工作原理可得

$$U_0 = -\frac{C}{C_x}U_i \qquad\qquad (5-30)$$

如果传感器是一只平板电容,则

$$C_x = \frac{\varepsilon S}{d} \qquad\qquad (5-31)$$

代入式(5-30),可得

$$U_0 = -\frac{U_i C d}{\varepsilon S} \qquad\qquad (5-32)$$

式中,"-"号表示输出电压 U_0 的相位与电源电压反相,说明运算放大器的输出电压与极板间距离 d 成线性关系。

运算放大器式电路虽解决了单个变极板间距离式电容传感器的非线性问题,但要求 Z_i 及放大倍数足够大。为保证仪器精度,还要求电源电压 U_i 的幅值和固定电容 C 值稳定。

3. 二极管双 T 形交流电桥

图 5-17 是二极管双 T 形交流电桥电路原理图。e 是高频电源,它提供了幅值为 U 的对称方波;VD_1、VD_2 为特性完全相同的两只二极管;固定电阻阻值 $R_1 = R_2 = R$;C_1、C_2 为传感器的两个差动电容,传感器没有输入时其电容值 $C_1 = C_2$。电路工作原理如下:当 e 为正半周时,二极管 VD_1 导通、VD_2 截止,于是电容 C_1 充电,其等效电路如图 5-17(b)所示;在随后负半周出现时,电容 C_1 上的电荷通过电阻 R_1、负载电阻 R_L 放电,流过 R_L 的电流为 I_1。当 e 为负半周时,VD_2 导通、VD_1 截止,则电容 C_2 充电,其等效电路如图 5-17(c)所示;在随后出现正半周时,C_2 通过电阻 R_2、负载电阻 R_L 放电,流过 R_L 的电流为 I_2。根据上面所给的条件,则电流 $I_1 = I_2$,且方向相反,在一个周期内流过 R_L 的平均电流为零。

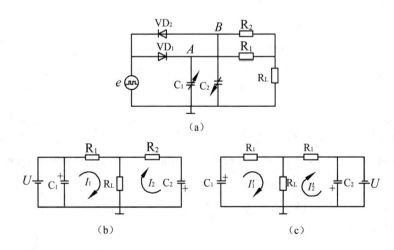

(a)

(b)　　　　　　　　　　(c)

图 5-17 二极管双 T 形交流电桥

若传感器输入不为 0,则 $C_1 \neq C_2$,$I_1 \neq I_2$,此时在一个周期内通过 R_L 上的平均电流不为零,因此产生输出电压,输出电压在一个周期内平均值为

$$U_o = I_L R_L = \frac{1}{T}\int_0^T \left[I_1(t) - I_2(t) \right] \mathrm{d}t \cdot R_L \approx \frac{R(R + 2R_L)}{(R + R_L)} \cdot R_L U f(C_1 - C_2) \quad (5-33)$$

式中，f 为电源频率。

若 R_L 已知，$\left[\frac{R(R + 2R_L)}{(R + R_L)^2} \right] \cdot R_L = M$（常数），则式（5-33）改写为

$$U_o = U f M(C_1 - C_2) \qquad (5-34)$$

输出电压 U_o 不仅与电源电压幅值和频率有关，而且与 T 形网络中电容器 C_1 和 C_2 的电容值 C_1 和 C_2 的差值有关。电源电压确定后，输出电压 U_o 是电容值 C_1 和 C_2 的函数。该电路输出电压较高，电源频率为 1.3 MHz、电源电压 $U = 46$ V 时，电容在 $-7 \sim 7$ pF 变化，可以在 1 MΩ 负载上得到 $-5 \sim 5$ V 的直流输出电压。电路的灵敏度与电源电压幅值和频率有关，故输入电源要求稳定。当 U 幅值较高，使二极管 VD_1、VD_2 工作在线性区域时，测量的非线性误差很小。电路的输出阻抗与电容值 C_1、C_2 无关，而仅与 R_1、R_2 及 R_L 等电阻值有关，输出信号的上升沿时间取决于负载电阻。对于 1 kΩ 的负载电阻，上升时间为 20 μs 左右，故可用来测量高速机械运动。

4. 环形二极管充放电法

用环形二极管充放电法测量电容的基本原理是以一高频方波为信号源，通过一环形二极管电桥，对被测电容进行充放电，环形二极管电桥输出一个与被测电容成正比的微安级电流。原理线路如图 5-18 所示，输入方波加在电桥的 A 点和地之间，C_x 为被测电容，C_d 为平衡电容传感器初始电容的调零电容，C 为滤波电容，A 为直流电流表。设计时，方波脉冲宽度足以使电容器 C_x 和 C_d 充、放电过程在方波平顶部分结束，因此电桥将发生如下的过程：

输入的方波由 E_1 跃变到 E_2 时，电容 C_x 和 C_d 两端的电压皆由 E_1 充电到 E_2。对电容 C_x 充电的电流如图 5-18 中 i_1 所示的方向，对 C_d 充电的电流如 i_3 所示方向。在充电过程中（T_1 这段时间），VD_2、VD_4 一直处于截止状态。在 T_1 这段时间内由 A 点向 C 点流动的电荷量为 $q_1 = C_d(E_2 - E_1)$。

输入的方波由 E_2 返回到 E_1 时，C_x、C_d 放电，它们两端的电压由 E_2 下降到 E_1，放电电流所经过的路径分别为 i_2、i_4 所示的方向。在

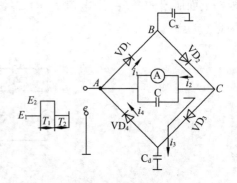

图 5-18　环形二极管电容测量电路原理图

放电过程中（T_2 时间内），VD_1、VD_3 截止。在 T_2 这段时间内由 C 点向 A 点流过的电荷量为 $q_2 = C_x(E_2 - E_1)$。

设方波的频率 $f = \frac{1}{T_0}$（即每秒钟要发生的充放电过程的次数），则由 C 点流向 A 点的平均电流为 $I_2 = C_x f(E_2 - E_1)$，而从 A 点流向 C 点的平均电流为 $I_3 = C_d f(E_2 - E_1)$，流过此支路的瞬时电流的平均值为

$$I = C_x f(E_2 - E_1) - C_d f(E_2 - E_1) = f\Delta E(C_x - C_d) \qquad (5-35)$$

式中，ΔE 为方波的幅值，$\Delta E = E_2 - E_1$。

令 C_x 的初始值为 C_0，ΔC_x 为 C_x 的增量，则 $C_x = C_0 + \Delta C_x$，调节 $C_d = C_0$，则

$$I = f\Delta E(C_x - C_d) = f\Delta E\Delta C_x \qquad (5-36)$$

可以看出，I 正比于 ΔC_x。

5.脉冲宽度调制电路

脉冲宽度调制电路原理如图 5-19 所示，电路中各点电压波形如图 5-20 所示。

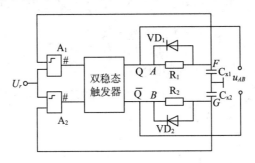

图 5-19 脉冲宽度调制电路图

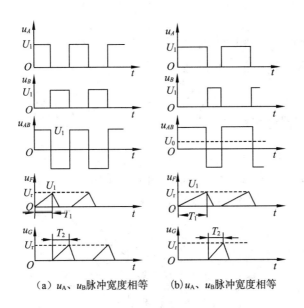

（a）u_A、u_B脉冲宽度相等　　（b）u_A、u_B脉冲宽度相等

图 5-20 脉冲宽度调制电路电压波形

图 5-20(b)中，u_A、u_B 脉冲宽度不再相等，一个周期($T_1 + T_2$)时间内的平均电压值不为零。此 u_{AB}电压经低通滤波器滤波后，可获得 U_o 输出，即

$$U_o = U_A - U_B = U_1 \frac{T_1 - T_2}{T_1 + T_2} \qquad (5-37)$$

式中，U_1 为触发器输出高电平；T_1、T_2 分别 C_{x1}、C_{x2} 充电至 U_r 时所需时间。

由电路知识可知

$$T_1 = R_1 C_{x1} \ln \frac{U_1}{U_1 - U_r} \left.\right\}$$

$$T_2 = R_2 C_{x2} \ln \frac{U_2}{U_2 - U_r} \left.\right\}$$

(5-38)

将式(5-38)代入式(5-40),得

$$U_o = \frac{C_{x1} - C_{x2}}{C_{x1} + C_{x2}} U_1$$

(5-39)

把平行板电容的公式代入式(5-39),在变极板距离的情况下可得

$$U_o = \frac{d_1 - d_2}{d_1 + d_2} U_1$$

(5-40)

式中,d_1、d_2 分别为 C_{x1}、C_{x2} 极板间距离。

当差动电容的值 $C_{x1} = C_{x2} = C_0$,即 $d_1 = d_2 = d_0$ 时,$U_o = 0$;若 $C_{x1} \neq C_{x2}$,设 $C_{x1} > C_{x2}$,即 $d_1 = d_0 - \Delta d$, $d_2 = d_0 + \Delta d$, 则有

$$U_o = \frac{\Delta d}{d_0} U_1$$

(5-41)

同样,在变面积电容传感器中,则有

$$U_o = \frac{\Delta S}{S} U_1$$

(5-42)

由此可见,差动脉宽调制电路适用于变极板距离以及变面积差动式电容传感器,并具有线性特性,且转换效率高,经过低通放大器就有较大的直流输出,调宽频率的变化对输出没有影响。

五、电容式传感器的应用

1. 电容式压力传感器

图5-21为差动电容式压力传感器的结构图。图中所示膜片为动电极,两个在凹形玻璃上的金属镀层为固定电极,构成差动电容器。

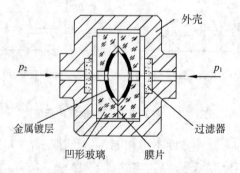

图5-21 差动式电容压力传感器结构图

当被测压力或压力差作用于膜片并产生位移时,所形成的两个电容器的电容量,一个增大,一个减小。该电容值的变化经测量电路转换成与压力或压力差相对应的电流或电压的变化。

2. 电容式加速度传感器

传感器壳体随被测对象沿垂直方向做直线加速运动时,质量块在惯性空间中相对静止,两个固定电极将相对于质量块在垂直方向产生大小正比于被测加速度的位移。此位移使两电容器的间隙发生变化,一个增加,一个减小,从而使电容器 C_1、C_2 的电容值产生大小相等、符号相反的增量,此增量正比于被测加速度。差动式电容加速度传感器结构如图 5 – 22 所示。

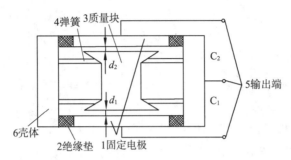

图 5 – 22　差动式电容加速度传感器结构

电容式加速度传感器的主要特点是频率响应快和量程范围大, 大多采用空气或其他气体作为阻尼物质。

3. 差动式电容测厚传感器

电容测厚传感器是用来对金属带材在轧制过程中厚度的检测,其工作原理是在被测带材的上下两侧各置放一块面积相等、与带材距离相等的极板,这样极板与带材就构成了两个电容器 C_1、C_2。把两块极板用导线连接起来成为一个极,而带材就是电容的另一个极,其总电容值为($C_1 + C_2$)。如果带材的厚度发生变化,将引起电容量的变化。用交流电桥将电容的变化测出来,经过放大即可由电表指示测量结果。

差动式电容测厚传感器的测量原理框图如图 5 – 23 所示。音频信号发生器产生的音频信号,接入变压器 T 的原边线圈,变压器副边的两个线圈作为测量电桥的两臂,电桥的另外两桥臂由标准电容 C_0 和带材与极板形成的被测电容 C_x（电容值 $C_x = C_1 + C_2$）组成。电桥的输出电压经放大器放大后整流为直流,再经差动放大,即可用指示电表指示出带材厚度的变化。

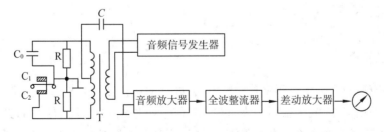

图 5 – 23　差动式电容测厚仪系统组成框图

任务2 超声波传感器测量液位

 任务描述

在科学技术日新月异发展的今天,许多场合开始引进电子设备作为辅助检测,针对诸多行业储液罐液位测量的特点和技术要求,采用一种基于超声波传感器的液位高度测量系统。超声波是由机械振动产生的,可在不同介质中以不同的速度传播,具有定向性好、能量集中、在传输过程中衰减小、反射能力较强等特点,故超声波传感器可广泛应用于非接触式检测法,不受光线、被测物颜色等的影响。它不仅能够定点和连续测液位,而且能方便地提供遥测或遥控所需的信号。与其他测位技术相比较,它不需要特别防护,安装维修较方便,而且结构较简单,价格低廉。

 任务目标

● 掌握超声波传感器的分类与基本结构
● 了解超声波传感器选用原则
● 知道超声波传感器的应用场合和应用方法

 任务分析

在超声波液位测量技术中,应用最广泛的是超声波脉冲回波方法:由发射传感器发出超声波脉冲,传到液面经反射后返回接收传感器,测出超声波脉冲从发射到接收所需的时间,根据媒介中的声速,就能得到从传感器到液面之间的距离,从而确定液位高度。

本任务主要讲述超声波反射式液位计的使用。

任务实施

一、任务准备

采用超声波技术来实现测液位,最大的好处是测量仪器不必浸入液体中,减少了仪器与液体之间的相互影响,无任何污染,也提高了安全性和可靠;具有较高的灵活性和较强的适应性,可随时改变用途(测距、测液位、测速等)和测量对象;功能扩展方便,实现自动测量、控制和计算机数据采集。

超声波(15 kHz 以上)能在气体、液体、固体中传播,其传播速度及衰减量随物质的不同而不同。其传播速度(c)与物质密度(ρ)的积(ρc)称为该物质的声阻抗。在两种物质界面上，超声波的反射率取决于声阻抗，ρc 大的反射率也大。超声波在空气中传播，遇到障碍物(包括水等液体，只要符合 ρc 较大的情况)时就会产生明显的反射。超声波的传播具有一定的直线性，而且遇障碍物会产生反射。图 5 – 24 设置一个超声波发射器和一个接收器(频率相同)。发射器用于发射一个超声波信号，而接收器用于接收从障碍物反射回来的超声波信号。如果使两束波的夹角 θ 远小于发射器和接收器与障碍物之间的距离 h，超声波从发射到被接收的时间 t 与 h 成正比关系，即

$$h = \frac{ct}{2} \tag{5 – 43}$$

其中，c 是超声波速度，在空气中约为 344 m/s。我们可以通过测量超声波在这个过程的传播时间 t 来计算出物距 h。在超声波测物距的原理基础上进一步延伸，增添一些装置就可以实现测量液位的目的，构成了超声波液位计。其简要工作原理如图 5 – 25 所示，将超声波发射、接收器安装在离液体底部高为 H 的位置上，设液面的高度为 h'。采用超声波测距离的原理测量出液位计到液面的距离 h，则液位的高度(深度)为

$$h' = H - h \tag{5 – 44}$$

使用适合的电路来实现这个运算，就可以做成液位计了。

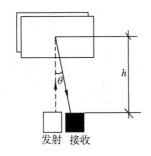

图 5 – 24　超声波发射器和接收器　　图 5 – 25　超声波液位计原理图

二、任务实施

超声波反射式液位计电路主要由发射、接收和计数/显示电路等组成，原理方框图如图 5 – 26 所示。

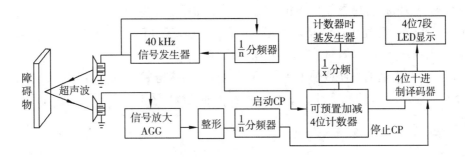

图 5 – 26　超声波反射式液位计电路原理方框图

在图 5 – 26 中，发射电路是一个 40 kHz 的多谐振荡器，与超声波发射换能器连接可

以发射出一串串断续的 40 kHz 超声波信号,发射完每一串它就向计数器送出一个脉冲,触发启动计数,假设该时刻为 t_0。接收电路与接收器连接,用于接收从障碍物反射回来的超声波信号,并将其转换成电信号,接收完一串完整的信号,就产生一个脉冲,设此时刻为 t_1。脉冲用来读取这一时刻译码器中的数据,此数据(时间差)就是超声波传播的时间 $t = t_0 - t_1$。译码电路负责把计数器送来的 BCD 码转换成七段 LED 码,然后驱动 LED 数码管,显示出结果。计数电路中的时基电路用于产生计数器用的时钟脉冲 CP,其频率决定了计数、显示数值的单位。调整其频率适当,使一个周期对应测量距离 1 mm,则显示结果的单位为 1 mm。

以上是用于测物距时的原理,用于测量液位时,在此基础上增加一个减数运算的电路,将计数器计出的液面距离 h 作减数,使计数结果符合式(5 - 44),则显示结果为液面高度(液位)。超声波反射式液位计安装结构示意图如图 5 - 27 所示。

本液位计由于采用超声波非接触式测量,系统灵活性高,应用范围广,容易实现自控、遥控等多种控制方式,可用于油库液位监控、水库水位监控、粮仓等的料位监控,物距测量及速度测量等。

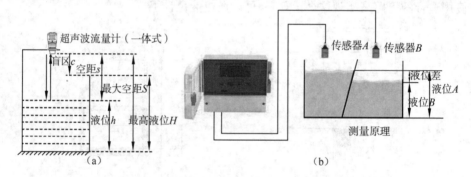

图 5 - 27　超声波反射式液位计安装结构示意图

三、任务检测

超声波液位传感器安装注意事项:

(1)超声波液位传感器位置应使其有一条垂直于液面的畅通的声通道。

(2)超声波液位传感器不应与粗糙罐壁、横梁和梯子等物相交。

(3)传感器应安装在符合规定的温度范围并适合于其防护等级及构成材料的区域内,前盖应能够接近进行编程、接线和观察显示值。

(4)传感器应远离高压或强电工作区、接触器及可控硅控制驱动器。

(5)传感器安装盲区大于 25 cm,要保持传感器面与最高液位距离至少在 25 cm 以上。

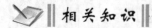 相关知识

一、超声波及其基本特性

超声技术是一门以物理、电子、机械及材料学为基础的通用技术,主要涉及超声波的

产生、传播与接收技术。超声波具有聚束、定向及反射、透射等特性。超声技术的应用可分为两类:超声加工和处理技术,即功率超声应用;超声检测技术,即检测超声。

超声检测技术的基本原理是利用某种待测的非声学量(如密度、流量、液位、厚度、缺陷等)与某些描述媒质声学特性的超声量(如声速、衰减、声阻抗等)之间存在着的直接或间接关系,探索了这些关系的规律就可通过超声量的检测来确定那些待测的非声学量。

振动在弹性介质内的传播称为波动,简称波。频率在 $16 \sim 2 \times 10^4$ Hz 之间,能为人耳所闻的机械波,称为声波;低于 16 Hz 的机械波,称为次声波;高于 2×10^4 Hz 的机械波,称为超声波。声波的频率界限如图 5-28 所示。

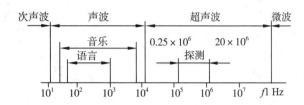

图 5-28 声波的频率界限图

当超声波由一种介质入射到另一种介质时,由于在两种介质中传播速度不同,在介质面上会产生反射、折射和波形转换等现象。

1.超声波的传播形式及其转换、波速

(1)声波在介质中的主要传播形式

①纵波,质点的振动方向与波的传播方向一致,它能在固态、液态和气态介质中传播。

②横波,质点振动方向垂直于波的传播方向,它只能在固态介质中传播。

③表面波,质点的振动介于纵波和横波之间,沿着表面传播,振幅随深度增加而迅速衰减;表面波质点振动的轨迹是椭圆形,质点位移的长轴垂直于传播方向,质点位移的短轴平行于传播方向;表面波只能在固体表面传播。

当纵波以某一角度入射到第二介质(固体)的界面上时,除有纵波的反射、折射外,还会有横波的反射和折射,如图 5-29 所示。在一定条件下,还能产生表面波。各种波形都符合波的反射定律和折射定律。

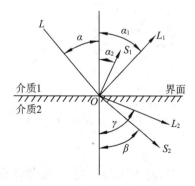

L—入射纵波　L_1—反射纵波　L_2—折射纵波　S_1—反射横波　S_2—折射横波

图 5-29 波的传播形式转换图

(2)超声波的传播速度

①超声波在气体和液体中没有横波,只能传播纵波,其传播速度为

$$c = \sqrt{\frac{k}{\rho}} \qquad (5-45)$$

式中，k 是介质的体积弹性模量，它是体积（绝热的）压缩性的倒数；ρ 是介质的密度。气体中的声速约为 344 m/s，液体中的声速为 900～1 900 m/s。

②在固体介质中，超声波纵波、横波、表面波的声速分别为

$$\left.\begin{array}{l} c_{纵} = \sqrt{\dfrac{E}{\rho} \cdot \dfrac{1-\mu}{(1+\mu)(1-2\mu)}} \\[4mm] c_{横} = \sqrt{\dfrac{E}{\rho} \cdot \dfrac{1}{2(1+\mu)}} = \sqrt{\dfrac{G}{\rho}} \\[4mm] c_{表面} \approx 0.9\sqrt{\dfrac{G}{\rho}} = 0.9c_{横} \end{array}\right\} \qquad (5-46)$$

式中，E 为固体介质的杨氏模量；μ 为固体介质的泊松比；G 为固体介质的剪切弹性模量；ρ 为介质密度。

对于固体介质，μ 介于 0.2～0.5 之间，因此一般认为

$$c_{横} \approx c_{纵}/2 \qquad (5-47)$$

2. 超声波的反射和折射

当超声波从一种介质传播到另一种介质时，在两介质的分界面上将发生反射和折射，如图 5-30 所示。超声波的反射和折射满足波的反射定律和折射定律，即

$$\left.\begin{array}{l} \alpha' = \alpha \\[2mm] \dfrac{\sin\alpha}{\sin\beta} = \dfrac{c_1}{c_2} \end{array}\right\} \qquad (5-48)$$

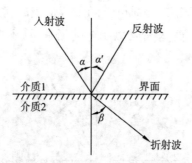

图 5-30　超声波的反射和折射

3. 声波的衰减

超声波在一种介质中传播时，随着距离的增加，能量逐渐衰减，其声压和声强的衰减规律为

$$\left.\begin{array}{l} p = p_0 \mathrm{e}^{-\alpha x} \\[2mm] I = I_0 \mathrm{e}^{-\alpha x} \end{array}\right\} \qquad (5-49)$$

式中，p_0、I_0 分别是声波在距离声源 $x = 0$ 处的声压和声强；p、I 分别是声波在距离声

源 x 处的声压和声强;α 是衰减系数。

超声波在介质中传播时,能量的衰减决定于声波的扩散、散射和吸收。

经常以 dB/cm 或 10^{-3} dB/mm 为单位来表示衰减系数。在一般探测频率上,材料的衰减系数在 1 到几百之间。若衰减系数为 1 dB/mm,则声波穿透 1 mm 时衰减 1 dB,即衰减 10%;声波穿透 20 mm 则衰减 20 dB,即衰减 90%。

4.超声波与介质的相互作用

超声波在介质中传播时,与介质相互作用会产生以下效应。

(1)机械效应

超声波在传播过程中,会引起介质质点交替地压缩和扩张,构成了压力的变化,这种压力变化将引起机械效应。超声波引起的介质质点运动,虽然产生的位移和速度不大,但与超声振动频率的平方成正比的质点加速度却很大,有时超过重力加速度的数万倍。这么大的加速度足以造成对介质的强大机械作用,甚至能达到破坏介质的程度。

(2)空化效应

由流体动力学可知,存在于液体中的微气泡(空化核)在声场的作用下振动,当声压达到一定值时,气泡将迅速膨胀,然后突然闭合,在气泡闭合时产生冲击波。这种膨胀、闭合、振动等一系列动力学过程称为声空化。这种声空化现象是超声学及其应用的基础。

(3)热效应

如果超声波作用于介质时被介质所吸收,实际上也就是有能量吸收。同时,由于超声波的振动,使介质产生强烈的高频振荡,介质间互相摩擦而发热,这种能量能使固体、流体介质温度升高。超声波在穿透两种不同介质的分界面时,温度升高值更大,这是由于分界面上特性阻抗不同,将产生反射,形成驻波,引起分子间的相互摩擦而发热。超声波的热效应在工业、医疗上都得到了广泛应用。超声波与介质作用除了以上几种效应外,还有声流效应、触发效应和弥散效应等,它们都有很好的应用价值。

超声波传感器是利用超声波的特性研制而成的传感器。

二、超声波传感器

产生超声波和接收超声波的装置就是超声波传感器,习惯上称为超声波换能器或超声波探头。超声波传感器一般都能将声信号转换成电信号,属典型的双向传感器。部分超声波传感器外形如图 5－31 所示。

图 5－31　超声波传感器

1. 超声波传感器的性能指标

我们使用前必须预先了解超声波传感器的性能,它的主要性能指标包括:

(1)工作频率

工作频率就是压电晶片的共振频率。当加到它两端的交流电压的频率和晶片的共振频率相等时,输出的能量最大,灵敏度也最高。

(2)工作温度

压电材料的居里点一般比较高,特别是诊断用超声波探头使用,功率较小,所以工作温度比较低,可以长时间地工作而不失效。医疗用的超声探头的温度比较高,需要单独的制冷设备。

(3)灵敏度

主要取决于制造晶片本身。机电耦合系数大,灵敏度高;反之,灵敏度低。

2. 超声波传感器的分类

超声波按探头结构可分为直探头式、斜探头式、双探头式和液浸探头式;若按其工作原理又可分为压电式、磁致伸缩式、电磁式等。实际使用中最常见的是压电式探头。

3. 压电式超声波传感器的结构和特性

压电式探头主要由压电晶片(敏感元件)、吸收块(阻尼块)、保护膜组成,其结构如图5-32所示。

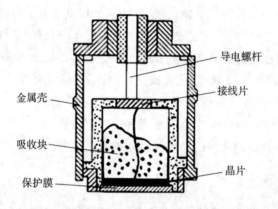

图5-32 压电式超声波探头结构

压电晶片多为圆板形,其厚度 d 与超声波频率 f 成反比,即

$$f = \frac{1}{2d}\sqrt{\frac{E_{11}}{\rho}} \qquad (5-50)$$

式中,E_{11} 为晶片沿 x 轴方向的弹性模量;ρ 为晶片的密度。

从式(5-50)可知,压电晶片在基频做厚度振动时,晶片厚度 d 相当于晶片振动的半波长,我们可以依此规律选择晶片厚度。石英晶体的频率常数 $\left(\sqrt{\dfrac{E_{11}}{\rho/2}}\right)$ 是2.87 MHz·mm,锆钛酸铅陶瓷(PZT)的频率常数是1.89 MHz·mm,说明石英晶片厚1 mm时其自然振动频率为2.87 MHz。PZT片厚1 mm时自然振动频率为1.89 MHz。若片厚为 0.7 mm,则振动频率为 2.5 MHz。这是常用的超声频率。

压电晶片的两面镀有银层,作为导电极板。阻尼块的作用是降低晶片的机械品质,吸收声能量。如果没有阻尼块,当激励的电脉冲信号停止时,晶片将会继续振荡,加大超声波的脉冲宽度,使分辨率变差。

三、超声波传感器的应用

超声波对液体、固体的穿透本领很大,在不透光的固体中可穿透几十米的深度。超声波碰到杂质或分界面会产生显著反射,形成反射成回波,碰到活动物体时能产生多普勒效应。因此,超声波检测广泛应用在工业、国防、生物医学等方面。超声波距离传感器可以广泛应用在工业中,如超声波清洗、超声波焊接、超声波加工(超声钻孔、切削、研磨、抛光,超声波金属拉管、拉丝、轧制等)、超声波处理(搪锡、凝聚、淬火,超声波电镀、净化水质等)、超声波治疗和超声波检测(超声波测厚、检漏,探伤、成像等)等,工作可靠,安装方便。

下面介绍几种超声波传感器的检测应用,以本任务的液位测量为主。

1. 超声波液位检测与控制

由于超声波在空气中传播时有一定衰减,根据液面反射回来的信号就与液位位置有关,如图 5 – 33(a)所示。液面位置越高,信号越大;液位越低,则信号就越小。液位检测电路由超声波产生电路[5 – 33(b)]和超声波接收电路[5 – 33(c)]组成。

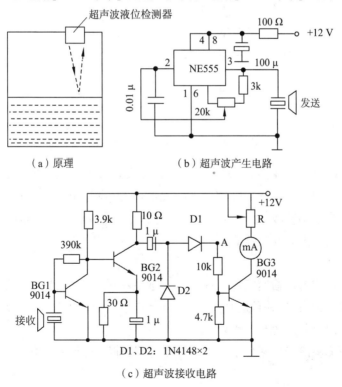

（a）原理　　　　　（b）超声波产生电路

（c）超声波接收电路

图 5 – 33　超声波液位检测原理及检测电路图

图 5 – 34 为液位控制电路。A 点与图 5 – 33(c) 的 A 点相连接,将检测液位信号输入比较器同相端。当液位低于设置阀值时(可调 R_W),比较器输出为低电平,BG 不导通;若液位升到规定位置,其信号电压大于设定电压,则比较器翻转,输出为高电平,BG 导通,J 吸合,实现液位控制。

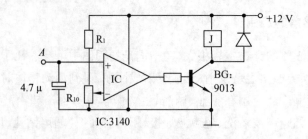

图 5 – 34   液位控制电路

2. 超声波测厚

超声波测厚常用脉冲回波法,如图 5 – 35 所示。如果超声波在工件中的声速 c 已知,设工件厚度为 δ,脉冲波从发射到接收的时间间隔 t 可以测量,因此可求出工件厚度为

$$\delta = ct/2 \tag{5 – 51}$$

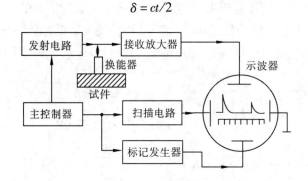

图 5 – 35   脉冲回波法测厚方框图

要测量时间间隔 t,可用图 5 – 35 所示方法,将发射脉冲和反射回波脉冲加至示波器垂直偏转板上。标记发生器输出已知时间间隔的脉冲,也加至示波器垂直偏转板上。线性扫描电压加在水平偏转板上。因此,可以从显示屏上直接观测发射和反射回波脉冲,并由波峰间隔及时基求出时间间隔 t。

3. 超声流量计

超声波在流体中的传播速度与流体的流动速度有关,据此可以实现流量测量。这种方法也不会造成压力损失,并且适合大管径、非导电性、强腐蚀性的液体或气体的流量测量。下面简单介绍时差法超声流量计。

在管道的两侧斜向安装两个超声波传感器,使其轴线重合在一条斜线上,如图 5 – 36 所示。

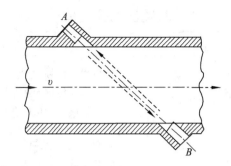

图 5 - 36 超声流量计结构示意图

换能器 A 发射而 B 接收时，声波基本上顺流传播，速度快、时间短，可表示为

$$t_1 = \frac{L}{c+v} \qquad (5-52)$$

B 发射而 A 接收时，逆流传播，速度慢、时间长，即

$$t_2 = \frac{L}{c-v} \qquad (5-53)$$

式(5-53)中，L 为两超声波传感器间传播距离；c 为超声波在静止流体中的速度；v 为被测流体的平均流速。

两种方向传播的时间差 Δt 为

$$\Delta t = t_2 - t_1 = \frac{2Lv}{c^2 - v^2} \qquad (5-54)$$

因 $v \ll c$，故 v^2 可忽略，故得

$$\Delta t = \frac{2Lv}{c^2} \qquad (5-55)$$

或

$$v = \frac{c^2 \Delta t}{2L} \qquad (5-56)$$

当流体中的声速 c 为常数时，流体的流速 v 与 Δt 成正比，测出时间差即可求出流速 v，进而得到流量。

值得注意的是，一般液体中的声速往往在 1 500 m/s 左右，而流体流速只有每秒几米，如要求流速测量的精度达到 1%，则对声速测量的精度需达 $10^{-5} \sim 10^{-6}$ 数量级，这是难以做到的。更何况声速受温度的影响不容易忽略，所以直接利用式(5-55)和式(5-56)不易实现流量的精确测量。

单元小结

本单元内容为液位的测量，围绕液位这个被测量的测量方式，主要介绍电容式传感器和超声波式传感器。通过任务驱动的方式来引入，介绍了两种传感器测量液位的电路和测量液位的基本原理。

本单元知识点梳理

任务名称	知识点
任务 1　电容式传感器测量液位	1.电容式传感器的分类与基本结构 2.电容式传感器选用原则 3.学会电容式传感器的应用场合和应用方法
任务 2　超声波传感器测量位移	1.超声波传感器的分类与基本结构 2.超声波传感器选用原则 3.超声波传感器的应用场合和应用方法

综合测试

一、填空题

1.电容式传感器是一种将被测物理量转换为_____变化,随后由测量电路将_____的变化量转换为电压、电流或频率信号输出,完成对被测物理量的测量的传感器。

2.根据工作原理不同,电容式传感器可分为_____、_____和_____等 3 种。

3.电容传感器的常用测量电路有_____、_____和_____。

4.声波在介质中传播时有 3 种主要传播形式:_____、_____、_____。我们平常所说的声速其实是_____;_____波的传播速度约为_____波的 50%;_____波的传播速度约为_____波的 90%;_____被称为慢波。

5.超声波在气体和液体中没有横波,只能传播_____,传播速度为_____。

二、选择题

1.在间隙为 1 mm 的两块平行极板之间插入(　　　),可测出最大的电容量。

　　A.干的纸　　　　　　B.塑料薄膜　　　　　　C.玻璃薄片　　　　　　D.湿的纸

2.在电容传感器中,若采用调频法测量转换电路,则电路中(　　　)。

　　A.电容和电感均为变量　　　　　　　　B.电容保持不变,电感为变量

　　C.电容为变量,电感保持不变　　　　　D.电容和电感均保持不变

3.超声波频率越高(　　　)。

　　A.波长越短,扩散角越小,方向性越好　　B.波长越长,扩散角越大,方向性越好

　　C.波长越短,扩散角越大,方向性越好　　D.波长越长,扩散角越小,方向性越差

4.超声波从空气中以 45°角入射到水中时,折射角(　　　)入射角。

　　A.大于　　　　　　　　B.小于　　　　　　　　C.等于

5.超声波在玻璃中的速度(　　　)在水中的速度,(　　　)在钢铁中的速度。

　　A.大于　　　　　　　　B.小于　　　　　　　　C.等于

三、简答题

1.根据工作原理可将电容式传感器分为哪几种类型?每种类型各有什么特点?各适

于什么场合?

2. 试分析影响变面积式电容传感器和变间隙式电容灵敏度的因素。为了提高传感器的灵敏度,可采取什么措施并应注意什么问题?

3. 超声波式传感器可分为哪几类?分别举出几个应用例子。

4. 实操题

利用电容式传感器工作原理来测量位移。

单元六 温度的测量

温度是表示物体冷热程度的物理量,是最常见的物理量之一,它是工农业生产及科学实验中需要经常测量和控制的参数,如气温、体温、水温、油温、锅炉温度、电器温度等。这些温度的准确测量对提高产品质量、确保安全生产以及实现自动控制等具有重要意义。随着科学技术的发展,对温度的测量方法也是多种多样,按测量体与被测物质是否接触可分为接触式测温和非接触式测温。接触式测温是将测温敏感元件直接与被测介质接触,使被测介质与测温敏感元件进行充分热交换,二者具有相同温度时达到测量的目的。接触式测温的测量精度较高、方法简单,但需要测温元件与被测介质接触并充分进行热交换后才能达到热平衡,因而产生了滞后现象。而非接触式测温主要利用被测物体的热辐射发出红外线得到测量物体的温度,原则上其测温上限不受限制,测温速度快,但测量成本较高,测量精度低。其中,热电温度传感器具有测量精度高、信号便于远距离传输等优点,因此热电偶和热电阻温度仪表在工业生产中应用广泛。

本单元介绍了对热电偶测量温度及热电阻测量温度的应用场合、应用方法及工作过程,学习中应掌握热电偶及热电阻温度测量电路工作原理,并学会热电阻和热电偶的功能测试方法。

任务 1 热电偶测量温度

任务描述

热电偶在工业和设备试验温度的测量中应用十分广泛,它是一种自发电式传感器,测量时不需要外加电源,可直接驱动动圈式仪表。热电偶在温度测量中应用,具有结构简单、使用方便、测量精度高、稳定性好、测量范围宽等优点。常用的热电偶测量范围为 $-50 \sim 1\,600\ ℃$。

任务目标

- 掌握热电偶的工作原理、连接方式
- 掌握热电偶冷端温度补偿方法
- 通过查阅资料了解热电偶的种类、代号、测温范围
- 了解普通工业用热电偶的结构、应用场合

任务分析

热电偶是利用物理学中的塞贝克效应制成的温敏传感器。两种不同的导体 A 和 B 组成闭合回路时,若两端节点温度不同(分别为 T_0 和 T),则回路中产生电流,相应的电动势称为热电动势。工程上实际使用的热电偶有普通型、铠装型和表面热电偶。它们大多是由热电极、绝缘套管、保护套管和接线盒等部分组成的。

任务实施

一、任务准备

常用热电偶的结构类型

1. 工业用热电偶

图 6-1 为典型的工业用热电偶结构示意图。它由热电偶丝、绝缘套管、保护套管以及接线盒等部分组成。实验室用时,也可不装保护套管,以减小热惯性。

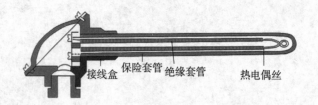

图 6-1　工业用热电偶结构示意图

2. 铠装式热电偶(又称套管式热电偶)

断面如图 6-2 甲所示。它是由热电偶丝、绝缘材料、金属套管拉细组合而成。又由于它的热端形状不同,可分为四种形式,如图 6-2 乙所示。本品优点是小型化(直径从 12 mm 到 0.25 mm)、寿命、热惯性小,使用方便。测温范围在 1 100 ℃ 以下的有:镍铬-镍硅、镍铬-考铜铠装式热电偶。

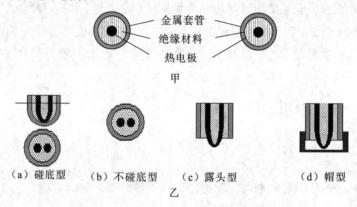

图 6-2　铠装式热电偶断面结构示意图

3. 快速反应薄膜热电偶

用真空蒸镀等方法使两种热电极材料蒸镀到绝缘板上,形成薄膜装热电偶。如图 6-3 所示,其热接点极薄(0.01~0.1 μm),因此特别适用于对壁面温度的快速测量。安装时,用黏结剂将它粘在被测物体壁面上。目前我国试制的有铁-镍、铁-康铜和铜-康铜三种,尺寸为 60 mm×6 mm×0.2 mm;绝缘基板用云母、陶瓷片、玻璃及酚醛塑料纸等;测温范围在 300 ℃ 以下;反应时间仅为几毫秒。

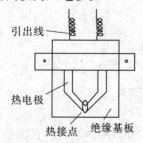

图 6-3　快速反应薄膜热电偶

4.快速消耗微型热电偶

这是一种测量钢水温度的热电偶。它是用直径为 0.05~0.1 mm 的铂铑$_{10}$-铂铑$_{30}$热电偶装在 U 形石英管中,再铸以高温绝缘水泥,外面装用保护钢帽所组成。

这种热电偶使用一次就焚化,但它的优点是热惯性小,只要注意它的动态标定,测量精度可达 5~7 ℃。

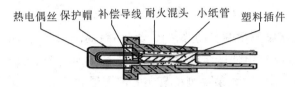

图6-4　快速消耗微型热电偶

二、任务实施

图 6-5 是热电偶放大电路。电路中,LTC2053 是仪用放大器,它为低功率仪器产品提供了一个极好的平台,如电池供电的热电偶放大电路等。由于采用了与开关电容的组合以及零漂移运算放大器的工艺,LTC2053 的输入偏移电压最大为 10 μV,共模抑制比 CMRR 和电源抑制比 PSRR 达到 116 dB。最理想的工作电源采用低电压 2.7 V 到 11 V 的单电源或 ±5 V 的双电源。另外,由于消耗电流非常低,典型值为 85 μpA,应用于电池供电的放大器非常理想。调节 R_1、RP_1 和 R_2 可方便对电路增益进行编程。

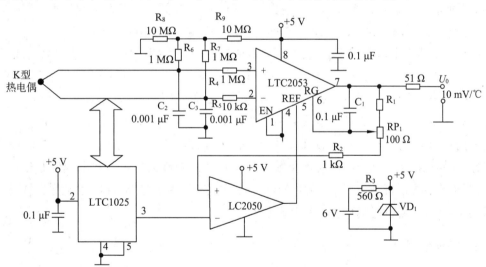

图6-5　热电偶放大电路

作为热电偶放大器必须满足一些特殊要求,通常采用的 K 型热电偶的灵敏度为 40.6 μ/℃,而电路的输出一般要求为 10 mV/℃,因此要选用额定增益为 246 的精密放大器。另外,热电偶一般容易受到工业环境中电子噪声的影响,因此仪用放大器允许输入不同的电压有助于消除由于共模噪声引起的误差。为了避免出故障,采取的保护措施是不能让热电偶无意识地接触到瞬变电源或高电压,但保护措施不能兼顾到精度。LTC2053 有满足这些要求的补偿特性,它在任何引脚上都可以承受 10 mA 的故障电流。因此,在不损坏集成芯片的情况下,10 kΩ(R$_4$ 和 R$_5$)保护电阻允许承受 ±100 V 的故障电压。

本电路中热电偶的工作原理是根据热端和冷端的温度差而产生电动势差。由于实际测量时冷端的温度往往不是 0 ℃,要对热电偶进行温度补偿。热电偶温度补偿公式如下:

$$E(t,0) = E(t,T_0) + E(T_0,0) \tag{6-1}$$

式中,$E(t_0,0)$ 是实际测量的电动势,t 代表热端温度,t_0 代表冷端温度,0 代表 0 ℃。

在现场温度测量中,热电偶冷端温度一般不为 0 ℃,而是在一定范围内变化着,因此测得的热电动势为 $E(t,t_0)$。如果要测得真实的被测温度所对应的热电动势 $E(t,0)$,就必须补偿冷端不是 0 ℃ 所需的补偿电动势 $E(t_0,0)$,而且该补偿电动势随冷端温度变化的特性必须与热电偶的热电特性一致,这样才能获得最佳补偿效果。

电路中 LTC1025 对热电偶进行温度补偿,确保在各种环境条件下温度的测量精度,并要靠近热电偶的节点安装,以便对温度进行最佳的跟踪。LTC1025 对不同的环境温度输出相应的电压,输出灵敏度为 10 mV/℃。因此,0 ℃ 时输出电压为 10 mV,室温(25 ℃)时输出 250 mV。测量探头温度相应的电压是补偿电压和被放大的热电偶电压之和,补偿电路的输出端与 LTC2053 的 REF(5 脚)输入端连接的所有这一切都要加上这两种电压。对于这种电路结构,考虑的仅是校正的电压必须能供出或吸收反馈电阻中的电流。由于 LTC1025 只供出电流,可采用缓冲器 LTC2050 驱动 REF,LTC2050 是一种零漂移的运算放大器。采用单电源的缺点是,对于有效的输出探头和放大器单元的温度都必须超过 0 ℃。若需要对负温度进行调节的话,可采用简单的充电泵变换器如 LTC1046 构成负电源。

在常规的线性电源应用中,只要所有热电偶都连接上而 LTC1025 进行热跟踪,可以采用单个 LTC1025 和缓冲放大器去修正 LTC2053 热电偶放大器的不同通道。由于 LTC2053 工作于采样的输入信号,感兴趣的频率一般低于几百赫,这样在反馈电路中增设 0.1 μF 的电容 C$_1$ 就可以加速放大器的响应。接在热电偶输入网络的电容 C$_2$ 和 C$_3$ 有助于吸收射频干扰及抑制在热电偶探头出现的采样干扰。接在热电偶中的电阻 R$_6$ ~ R$_9$ 提供高阻抗偏置,这样在探头无电压降的情况下使其抗干扰性达到最大。短的热电偶使共模信号最小,探头节点可以接地。5.1 V 的稳压管 VD$_1$ 构成电源保护电路,即防止电源出现过电压以及 6 V 电池的极性接反。R$_3$ 是限流电阻。

三、任务检测

应该根据被测介质的温度、压力、介质性质、测温时间长短来选择热电偶和保护套管,其安装地点要有代表性,安装方法要正确,图 6-6 是安装在管道上时常用的两种方法。

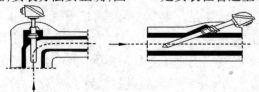

图 6-6 热电偶安装图

在工业生产中,热电偶常与毫伏计(XCZ 型动圈式仪表)联用或与电子电位差计联用,后者精度较高,且能自动记录。另外,也可通过温度变送器经放大后再接指示仪表,或作为控制用的信号。

 任务评价

1. 是否掌握热电偶的工作原理、连接方式及热电偶冷端温度补偿方法。
2. 是否了解热电偶的种类、代号、测温范围。
3. 是否了解普通工业热电偶的结构、应用场合。

 相关知识

一、热电偶测温原理

1. 热电效应

两种不同材料的导体组成一个闭合回路时,若两接点温度 t 与 T_0 不同,则在该回路中会产生电动势。这种现象称为热电效应,该电动势称为热电动势。这种现象于 1821 年首先由塞贝克(Seeback)发现,所以又叫塞贝克效应。

两种导体组成的回路称为热电偶,这两种导体称为热电极,产生的电动势则称为热电动势,热电偶有两个节点,一个称为测量端(工作端或热端),另一个称为参考端(自由端或冷端)。

热电偶两节点所产生的总的热电动势等于热端热电动势与冷端热电动势之差,是两个节点的温差 Δt 的函数,即

$$E_{AB}(T, T_0) = e_{AB}(T) - e_{AB}(T_0) \tag{6-2}$$

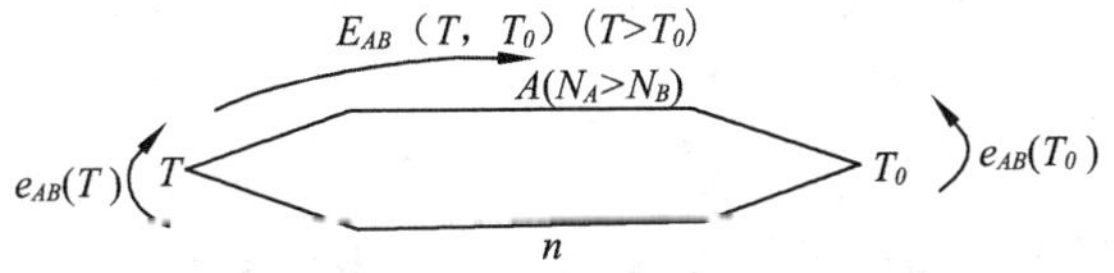

$$e_{AB}(T) \left(T \xrightarrow[\quad n \quad]{\overset{E_{AB}(T, \ T_0) \ (T > T_0)}{A(N_A > N_B)}} T_0 \right) e_{AB}(T_0)$$

图 6-7 热电偶电动势示意图

热电动势大致与两个节点的温差 Δt 成正比。热电动势由两部分组成:两种导体的接触电动势和单一导体的温差电动势。

(1)接触电动势

$$E_{AB}(T) = \frac{kT}{e} \ln \frac{N_A(T)}{N_B(T)} \tag{6-3}$$

式中,$E_{AB}(T)$ 为导体 A、B 节点在温度 T 时形成的接触电动势;E 为单位电荷,$e = 1.6 \times 10^{-19}$C;k 为波尔兹曼常量,$k = 1.38 \times 10^{-23}$J/K;N_A、N_B 分别为导体 A、B 在温度为 T 时的自由电子密度。

接触电动势的大小与温度高低及导体中的电子密度有关。

（2）温差电动势

$$E_A(T, T_0) = \int_{T_0}^{T} \sigma_A \mathrm{d}T \qquad (6-4)$$

式中，$E_A(T, T_0)$ 分别是导体 A 两端温度为 T、T_0 时形成的温差电动势；T、T_0 分别是高、低端的绝对温度；σ_A 是导体 A 的汤姆逊系数，表示导体 A 两端的温度差为 $1\ ℃$ 时所产生的温差电动势，如在 $0\ ℃$ 时铜的汤姆逊系数 $\sigma = 2\ \mu V/℃$。

（3）回路总电动势

由导体材料 A、B 组成的闭合回路，其节点温度分别为 T、T_0。如果 $T > T_0$，则必存在着两个接触电动势和两个温差电动势，回路总电动势为

$$E_{AB}(T, T_0) = E_{AB}(T) - E_{AB}(T_0) - E_A(T, T_0) + E_B(T, T_0)$$

$$= \frac{kT}{e} \ln \frac{N_{AT}}{N_{BT}} - \frac{kT}{e} \ln \frac{N_{AT_0}}{N_{BT_0}} + \int_{T0}^{T} (-\sigma_A + \sigma_B) \mathrm{d}T \qquad (6-5)$$

式中，N_{AT} 是导体 A 在节点温度为 T 时的电子密度；N_{AT_0} 是导体 A 在节点温度为 T_0 时的电子密度；N_{BT} 是导体 B 在节点温度为 T 时的电子密度；N_{BT_0} 是导体 B 在节点温度为 T_0 时的电子密度；σ_A 是导体 A 的汤姆逊系数；σ_B 是导体 B 的汤姆逊系数。

温差电动势比接触电动势小，根据电磁场理论得

$$E_{AB}(T, T_0) = \frac{k}{e} \int_{T_0}^{T} \ln \frac{N_A}{N_B} \mathrm{d}T \qquad (6-6)$$

由于 N_A、N_B 是温度的单值函数，则

$$E_{AB}(T, T_0) = E_{AB}(T) - E_{AB}(T_0)$$

$$= f(T) - C$$

$$= \Phi(T) \qquad (6-7)$$

在工程应用中，常用实验的方法得出温度与热电动势的关系并做成表格以备查。由式（6-7）可得

$$E_{AB}(T, T_0) = E_{AB}(T) - E_{AB}(T_0)$$

$$= E_{AB}(T) - E_{AB}(0) - [E_{AB}(T_0) - E_{AB}(0)]$$

$$= E_{AB}(T, 0) - E_{AB}(T_0, 0) \qquad (6-8)$$

热电偶的热电动势等于两端温度分别为 T 和零度以及 T_0 和零度的热电动势之差。

2. 四点结论

（1）热电偶回路热电动势只与组成热电偶的材料及两端温度有关，与热电偶的长度、粗细无关。

（2）只有用不同性质的导体（或半导体）才能组合成热电偶；相同材料不会产生热电动势。这是因为：当 A、B 两种导体是同一种材料时，有

$$\ln(\frac{N_A}{N_B}) = 0$$

也即

$$E_{AB}(T, T_0) = 0$$

（3）只有当热电偶两端温度不同，热电偶的两导体材料不同时才能有热电动势产生。

（4）导体材料确定后，热电动势的大小只与热电偶两端的温度有关。如果使 $E_{AB}(T_0)$ ＝常数，则回路热电动势 $E_{AB}(T,T_0)$ 就只与温度 T 有关，而且是 T 的单值函数。这就是利用热电偶测温的原理。

对于由几种不同材料串联组成的闭合回路，节点温度分别为 T_1、T_2、$\cdots$、T_n，冷端温度为零摄氏度时的热电动势为

$$E = E_{AB}(T_1) + E_{BC}(T_2) + \cdots + E_{nA}(T_n) \tag{6-9}$$

二、热电偶回路的性质（基本定律）

1. 均质导体定律

由一种均质导体组成的闭合回路，不论其导体是否存在温度梯度，回路中没有电流（即不产生电动势）；反之，如果有电流流动，此材料则一定是非均质的，即热电偶必须采用两种不同材料作为电极。

2. 中间导体定律

一个由几种不同导体材料连接成的闭合回路，只要它们彼此连接的节点温度相同，则此回路各节点产生的热电动势的代数和为零。如图 6-8 所示，由 A、B、C 三种材料组成的闭合回路中有

$$E_{总} = E_{AB}(T) + E_{BC}(T) + E_{CA}(T) = 0 \tag{6-10}$$

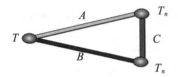

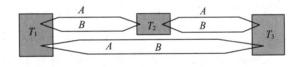

图 6-8　三种材料组成的闭合回路示意图　　　图 6-9　两种导体材料组成热电偶回路

3. 中间温度定律

如果不同的两种导体材料组成热电偶回路，其节点温度分别为 T_1、T_2（如图 6-9 所示）时，则其热电动势为 $E_{AB}(T_1,T_2)$；当节点温度为 T_2、T_3 时，其热电动势为 $E_{AB}(T_2,T_3)$；当节点温度为 T_1、T_3 时，其热电动势为 $E_{AB}(T_1,T_3)$，则

$$E_{AB}(T_1,T_3) = E_{AB}(T_1,T_2) + E_{AB}(T_2,T_3) \tag{6-11}$$

式（6-11）对于冷端温度不是零摄氏度时热电偶如何选择分度表提供了依据。如 T_2 ＝0 ℃时，则

$$
\begin{aligned}
E_{AB}(T_1,T_3) &= E_{AB}(T_1,0) + E_{AB}(0,T_3) \\
&= E_{AB}(T_1,0) - E_{AB}(T_3,0) \\
&= E_{AB}(T_1) - E_{AB}(T_3)
\end{aligned}
\tag{6-12}
$$

三、冷端处理及补偿

热电偶热电动势的大小是热端温度和冷端的函数差，为保证输出热电动势是被测温度的单值函数，必须使冷端温度保持恒定；热电偶分度表给出的热电动势是以冷端温度

0 ℃为依据,否则会产生误差。因此,对热电偶冷端进行补偿非常有必要。处理及补偿的方法包括冰点槽法、计算修正法、补正系数法、零点迁移法、冷端补偿器法、软件处理法。

1. 冰点槽法

把热电偶的参比端置于冰水混合物容器里,使 $T_0 = 0$ ℃(图 6-10)。这种办法仅限于科学实验中使用。为了避免冰水导电引起两个连接点短路,必须分别把连接点置于两个玻璃试管里,浸入同一冰水槽,使之相互绝缘。

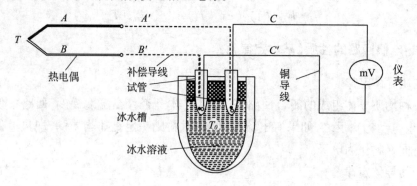

图 6-10　冰点槽法

2. 计算修正法

用普通室温计算出参比端实际温度 T_H,利用公式计算:

$$E_{AB}(T, T_0) = E_{AB}(T, T_H) + E_{AB}(T_H, T_0) \tag{6-13}$$

例如,用铜-康铜热电偶测某一温度 T,参比端在室温环境 T_H 中,测得热电动势为

$$E_{AB}(T, T_H) = 1.999 \text{ mV} \tag{6-14}$$

又用室温计测出 $T_H = 21$ ℃,查此种热电偶的分度表(表 6-1)可知 $E_{AB}(21, 0) = 0.832$ mV,故得

$$E_{AB}(T, 0) = E_{AB}(T, 21) + E_{AB}(21, T_0) = 1.999 \text{ mV} + 0.832 \text{ mV} = 2.831 \text{ mV}$$

再次查分度表,与 2.831 mV 对应的热端温度 $T = 68$ ℃。

表 6-1　　　　　　　　　　　　　　　　某热电偶的分度表

工作端温度(℃)	0	10	20	30	40	50	60	70	80	90
	mV(绝对值)									
—	-0.00	-0.39	-0.78	-1.16	-1.53	-1.89				
0	0.00	0.40	0.80	1.20	1.61	2.02	2.44	2.85	3.27	3.68
100	4.10	4.51	4.92	5.33	5.73	6.14	6.54	6.94	7.34	7.74
200	8.14	8.54	8.94	9.34	9.75	10.15	10.56	10.97	11.38	11.79
300	12.21	12.62	13.04	13.46	13.87	14.29	14.71	15.13	15.55	15.97
400	16.40	16.82	17.24	17.66	18.09	18.51	18.94	19.36	19.79	20.21
500	20.64	21.07	21.49	21.92	22.35	22.77	23.20	23.62	24.05	24.48
600	24.90	25.33	25.75	26.18	26.60	27.02	27.45	27.87	28.29	28.71
700	29.13	29.55	29.97	30.38	30.80	31.21	31.63	32.04	32.46	32.87

（续表）

工作端 温度（℃）	0	10	20	30	40	50	60	70	80	90
	mV（绝对值）									
800	33.29	33.69	34.10	34.50	34.91	35.31	35.72	36.12	36.52	36.93
900	37.33	37.72	38.12	38.52	38.92	39.31	39.70	40.10	40.49	40.88
1 000	41.27	41.66	42.05	42.43	42.82	43.20	43.59	43.97	44.35	44.73
1 100	45.11	45.49	45.86	46.21	46.61	46.99	47.36	47.73	48.10	48.46
1 200	48.83	49.19	49.56	49.92	50.28	50.63	50.99	51.34	51.70	52.05
1 300	52.40									

注：-0.39，-0.78，-1.16，-1.53，-1.89 分别适合于 -10 ℃，-20 ℃，-30 ℃，-40 ℃，-50 ℃。

3. 补正系数法

把参比端实际温度 T_H 乘上系数 k，加到由 $E_{AB}(T, T_H)$ 查分度表所得的温度上，成为被测温度 T。用公式表达，即

$$T = T' + kT_H \qquad (6-15)$$

式中，T 为未知的被测温度；T' 为参比端在室温下热电偶电动势与分度表上对应的某个温度；T_H 为室温；k 为补正系数。

4. 零点迁移法

应用领域：冷端不是 0 ℃但十分稳定（如恒温车间或有空调的场所）。

实质：在测量结果中人为地加一个恒定值，因为冷端温度稳定不变，电动势 $E_{AB}(T_H, 0)$ 是常数，利用指示仪表上调整零点的办法加大某个适当的值而实现补偿。

5. 冷端补偿器法

利用不平衡电桥产生热电动势补偿热电偶因冷端温度变化而引起的热电动势的变化值，电路如图 6-11 所示。不平衡电桥由 R_1、R_2、R_3（锰铜丝绕制）和 R_{Cu}（铜丝绕制）四个桥臂及桥路电源组成。设计时，在 0 ℃下使电桥平衡（$R_1 = R_2 = R_3 = R_{Cu}$），此时 $U_{ab} = 0$，电桥对仪表读数无影响。

$$T_0 \uparrow \qquad U_a \uparrow \qquad U_{ab} \uparrow \qquad E_{AB}(T, T_0) \downarrow$$

供电 4 V 直流，在 0～40 ℃或 -20～20 ℃的范围起补偿作用。注意：不同材质的热电偶所配的冷端补偿器，其限流电阻 R 不一样，互换时必须重新调整。

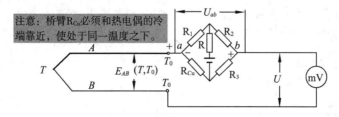

图 6-11 冷端补偿器的作用

6. 软件处理法

对于计算机系统,不必全靠硬件进行热电偶冷端处理。例如,冷端温度恒定但不为0 ℃的情况,只需在采样后加一个与冷端温度对应的常数即可。对于 T_0 经常波动的情况,可利用热敏电阻或其他传感器把 T_0 信号输入计算机,按照运算公式设计一些程序,便能自动修正。后一种情况必须考虑输入的采样通道中除了热电动势之外还应该有冷端温度信号,如果多个热电偶的冷端温度不相同,还要分别采样,若占用的通道数太多,宜利用补偿导线把所有的冷端接到同一温度处,只用一个冷端温度传感器和一个修正 T_0 的输入通道就可以了。冷端集中对于提高多点巡检的速度也很有利。

任务2 热电阻测量温度

 任务描述

电阻式温度传感器就是将温度变化转化为温度敏感元件的电阻变化,进而通过电路变成电压或电流信号输出。工业上在测低温时通常采用热电阻温度计,其测温范围为 $-200 \sim 850$ ℃。

 任务目标

- 能掌握热电阻测温的工作原理、连接方式
- 能掌握热电阻测温三线式接法
- 能通过查阅资料了解热电阻测温计的种类、代号、测温范围
- 了解普通工业热电阻的结构、应用场合

 任务分析

热电阻按性质不同,可分为金属热电阻和半导体热电阻两类。前者仍称为热电阻,而后者的灵敏度比前者高十几倍,又称为热敏电阻。热电阻广泛用来测量 $-200 \sim 850$ ℃范围内的温度,少数情况下,低温可测量至 1 K(即 -272 ℃),高温达 1 000 ℃。

 任务实施

一、任务准备

1. 金属热电阻传感器

金属热电阻按其结构类型来分,有普通型、铠装型、薄膜型等。普通型热电阻由感温

元件(金属电阻丝)、支架、引出线、保护套管及接线盒等组成。为避免电感分量,热电阻丝常采用双线并绕,制成无感电阻。

(1)感温元件(金属电阻丝)

由于铂的电阻率较大,而且相对机械强度较大,通常铂丝的直径在(0.03~0.07)mm ±0.005 mm 之间。可单层绕制,若铂丝太细,电阻体可做得小,但强度低;若铂丝粗,虽强度大,但电阻体积大了,热惰性也大,成本高。由于铜的机械强度较低,电阻丝的直径需较大,一般为(0.1±0.005)mm 的漆包铜线或丝包线分层绕在骨架上,并涂上绝缘漆而成。由于铜电阻的温度低,故可以重叠多层绕制,一般多用双绕法,即两根丝平行绕制,在末端把两个头焊接起来,这样工作电流从一根热电阻丝进入,从另一根热电阻丝反向出来,形成两个电流方向相反的线圈,其磁场方向相反,产生的电感就互相抵消,故又称为无感绕法。这种双绕法也有利于引线的引出。

(2)骨架

热电阻是绕制在骨架上的,骨架是用来支承和固定电阻丝的。骨架应使用电绝缘性能好、高温下机械强度高、体膨胀系数小、物理化学性能稳定、对热电阻丝无污染的材料制作,常用的是云母、石英、陶瓷、玻璃及塑料等。

(3)引线

引线的直径应当比热电阻丝大几倍,尽量减小引线的电阻,增加引线的机械强度和连接的可靠性。对于工业用的铂热电阻,一般采用 1 mm 的银丝作为引线;对于标准的铂热电阻,则可采用 0.3 mm 的铂丝作为引线;对于铜热电阻,则常用 0.5 mm 的铜线。在骨架上绕制好热电阻丝并焊好引线之后,在其外面加上云母片进行保护,再装入外保护套管,并和接线盒或外部导线相连,即得到热电阻传感器(图 6-12)。

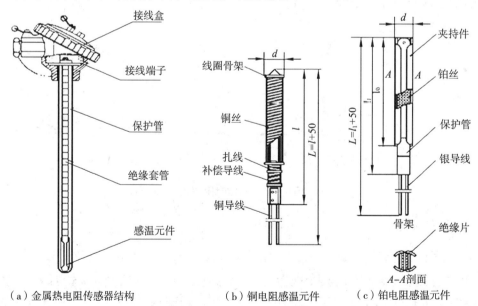

(a)金属热电阻传感器结构　　(b)铜电阻感温元件　　(c)铂电阻感温元件

图 6-12　金属热电阻传感器的结构

目前还研制生产了薄膜型热电阻,如图 6-13 所示。它是利用真空镀膜法或浆糊印刷烧结法使金属薄膜附着在耐高温基底上,其尺寸可以小到几平方毫米,可将其粘贴在被测高温物体上,测量局部温度,具有热容量小、反应快的特点。目前我国全面施行"1990国际温标"。按照 ITS – 1990 标准,国内统一设计的工业用铂热电阻在 0 ℃时的阻值有25 Ω、100 Ω 等,分度号分别用 Pt25、Pt100 等表示。薄膜型铂热电阻有 100 Ω、1 000 Ω 等数种。同样,铜热电阻在 0 ℃时的阻值为 50 Ω、100 Ω 两种。

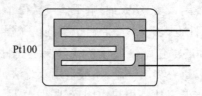

图 6 – 13　薄膜型热电阻

2. 热敏电阻传感器

热敏电阻是一种新型的半导体测温元件。半导体中参加导电的是载流子,由于半导体中载流子的数目远比金属中的自由电子数目少得多,它的电阻率大。随温度的升高,半导体中更多的价电子受热激发跃迁到较高能级而产生新的电子 – 空穴对,因而参加导电的载流子数目增加了,半导体的电阻率也就降低了(电导率增加)。因为载流子数目随温度上升按指数规律增加,所以半导体的电阻率也就随温度上升按指数规律下降。热敏电阻正是利用半导体这种载流子数随温度变化而变化的特性制成的一种温度敏感元件。温度变化 1 ℃时,某些半导体热敏电阻的阻值变化将达到 3% ~6%。在一定条件下,根据测量热敏电阻值的变化得知温度的变化。

热敏电阻可根据使用要求封装加工成各种形状的探头,如圆片型、柱型、珠型、铠装型、薄膜型、厚膜型等,如图 6 – 14 所示。

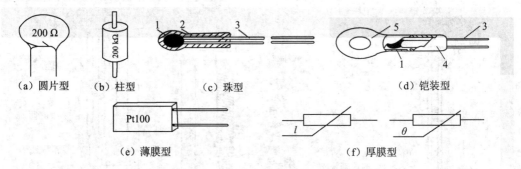

图 6 – 14　热敏电阻探头

二、任务实施

1. 了解电路组成

由铂电阻传感器 Pt100 构成的数字显示测温电路如图 6 – 15 所示,该电路是一种六端电桥输入的热电阻测温电路。桥路由 TL431(IC$_2$)精密基准电源供电。根据选用的铂热电阻分度号而计算确定桥路各元件的数值,保障在 0 ℃时上、下桥臂分别流过 0.5 mA 的电流,避免铂电阻过热而影响温度。图示电路是根据分度号 Pt100 工作在 0 ℃时 R 对

应的阻值为 $100\ \Omega$ 而工作的,调节 RP_0 可微调电桥臂上的电流,从而改变 R_0 上的压降,保证 $0\ ℃$ 时 IC_1 A/D 转换器差值输入为 0。

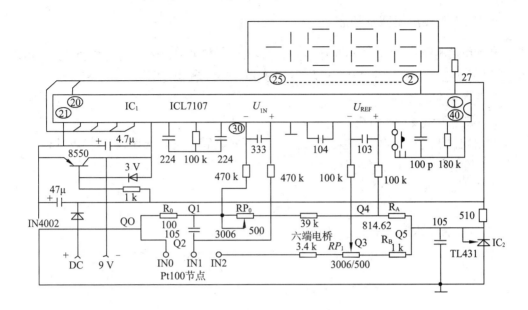

图 6－15　Pt100 数字显示测温电路

2. 工作原理

图示电路对桥路检测部分采取了非线性自动补偿,选择合适的 R_A 和 R_B,使测量温度升高,有 Pt100 造成的下臂电流减小,引起 R_B 上的压降减小,$U_{REF}-$(IC$_1$ 的 30 脚)电压升高而 $U_{REF}+$(IC$_1$ 的 31 脚)电压不变,A/D 转换器的 U_{REF} 减小而使转换灵敏度升高。由于 $31/2$ 位 A/D 转换器具有按比例工作的特性,当 U_{REF} 减小的数值恰好按比例补偿由 P_t100 非线性误差造成读数减小的数值时,显示数据就可实现线性跟踪实际温度的功能,由此就可使非线性误差得到精确的补偿。

三、任务检测

为减小环境温度对线路电阻的影响,工业上常采用三线制连接,也可以采用四线制连接。热电阻引入显示仪表的线路电阻必须符合规定值,否则将产生系统误差。热电阻工作电流应小于规定值,否则因过大电流造成自热效应,产生附加误差。热电阻分度号必须与显示仪表调校时分度号相向。

 任务评价

1. 是否掌握热电阻测温的工作原理、连接方式。

2. 是否掌握热电阻测温三线式接法。

3. 是否了解热电阻测温计的种类、代号和测温范围。

4. 是否了解普通工业热电阻的结构、应用场合。

📖 相关知识

一、热电阻测温原理及特点

用热电偶测量 500 ℃以下温度时,热电动势小,测量精度低;且使用中经常需要进行冷端温度补偿。故工业上在测低温时通常采用热电阻温度计,其测温范围为 −200 ~ 850 ℃。

1. 热电阻测温原理

（1）热电阻温度计的组成

热电阻测温计由热电阻(电阻体、绝缘管和保护套管)、连接导线、显示仪表组成。

（2）热电阻温度计的测温原理

对于金属导体或半导体,有

$$R = f(t)$$

式中,R 为导体或半导体的电阻值,t 为其温度。

电阻温度系数(α)即温度变化 1 ℃时导体电阻值的相对变化量,单位为℃$^{-1}$。用公式表示为

$$\alpha = \frac{R_t - R_{t0}}{R_{t0}(t - t_0)} = \frac{1}{R_{t0}} \frac{\Delta R}{\Delta t}$$

$\alpha \uparrow \rightarrow$ 灵敏度 $\uparrow$。

对于金属导体:$t \uparrow \rightarrow R_t \uparrow$,故 α 为正值;

对于半导体:$t \uparrow \rightarrow R_t \downarrow$,故 α 为负值。

金属纯度 $\uparrow \rightarrow \alpha \uparrow$,有些合金材料如锰铜 $\alpha \rightarrow 0$。

2. 常用热电阻的种类

根据感温元件的材质,可分为金属导体和半导体两大类。金属热电阻目前大量使用的材质有铂、铜和镍三种。按准确度等级,可分为标准电阻温度计和工业电阻温度计。

热电阻材料要求:物理及化学性质稳定;电阻温度系数大;电阻率大;电阻值与温度近似为线性关系;复现性好;价格便宜。

（1）铂热电阻(Pt)

特点:稳定性好、精确度高、性能可靠。

ITS − 1990 规定以铂电阻温度计作为 13.803 3 K ~ 961.78 K(即 −259.346 7 ~ 961.78 ℃),温域的标准内插仪器。

在 −200 ~ 0 ℃范围内铂的电阻值与温度的关系为

$$R_t = R_0 \left[1 + At + Bt^2 + Ct^3(t - 100) \right]$$

在 0 ~ 850 ℃范围内铂的电阻值与温度的关系为

$$R_t = R_0(1 + At + Bt^2)$$

铂电阻的纯度通常用 R_{100}/R_0 表示。

铂电阻的分度号:Pt10、Pt100、Pt50。

Pt10 表示铂电阻在 0 ℃时的电阻值 $R_0 = 10 \ \Omega$。

（2）铜热电阻（Cu）

在 $-50 \sim +150$ ℃范围内，铜电阻与温度的关系为

$$R_t = R_0(1 + At + Bt^2 + Ct^3)$$

其中，在 $0 \sim 100$ ℃范围内电阻温度关系是线性的，即

$$R_t = R_0(1 + \alpha t)$$

式中，$\alpha = (4.25 \sim 4.28) \times 10^{-3}/℃$。

优点：$R - t$ 关系近似线性；α 较大；材料易提纯；价格便宜，互换性好。

缺点：电阻率较小，为保持一定阻值需要细而长的铜丝，使体积↑、热惯性↑；测温上限低，因为铜在 100 ℃以上易氧化且抗腐蚀性差。

铜电阻的分度号：Cu50 和 Cu100。

（3）镍热电阻（Ni）

特点：电阻温度系数大，灵敏度高。

测温范围是 $-60 \sim +180$ ℃，主要用于较低温域。

镍电阻的分度号：Ni100、Ni300 和 Ni500。

热电阻的主要技术性能见表 6-2，常用热电阻材料的电阻值随温度变化的曲线如图 6-16 所示。

表 6-2　　　　　　　　　　　　热电阻的主要技术性能

材料	铂（WZP）	铜（WZC）
使用温度范围（℃）	$-200 \sim +960$	$-50 \sim +150$
电阻率（Ωln×10^{-6}）	$0.098\,1 \sim 0.106$	0.017
$0 \sim 100$ ℃间电阻温度系数 α（平均值）/（℃$^{-1}$）	0.003 85	0.004 28
化学稳定性	在氧化性介质中较稳定，不能在还原性介质中使用，尤其在高温情况下	超过 100 ℃易氧化
特性	特性近于线性、性能稳定、精度高	线性较好、价格低廉、体积大
应用	适于较高温度的测量，可作为标准测温装置	适于测量低温、无水分、无腐蚀性介质的温度

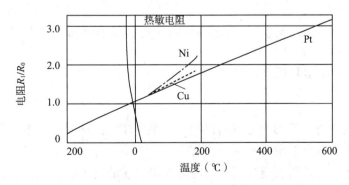

图 6-16　常用热电阻材料的电阻随温度变化的曲线图

3. 热电阻的接线方法

用电阻传感器进行测温时,热电阻应与检测仪表箱相隔一段距离,因为热电阻的引线对测量结果有较大的影响。热电阻内部引线的方式有二线制、三线制和四线制三种,如图 6-17 所示。

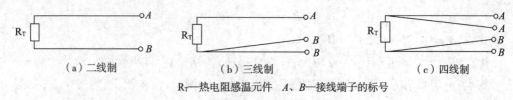

（a）二线制 （b）三线制 （c）四线制

R_T—热电阻感温元件 A、B—接线端子的标号

图 6-17　热电阻的内部引线方式

（1）二线制

存在引出线电阻随温度变化产生的附加误差。

（2）三线制

可以消除引出线电阻的影响;工业上多采用。

（3）四线制

不仅可消除引出线电阻的影响,还可消除连接导线间接触电阻及其阻值变化的影响。多用于标准铂热电阻的引出线上。

图 6-18 所示的是工业上常采用的热电阻三线制桥式接线测量电路。图中,R_T 为热电阻,r_1、r_2、r_3 为接线电阻,R_1、R_2 为桥臂电阻,通常取其值 $R_1 = R_2$;R_W 为调零电阻;M 为指示仪表,具有很大的内阻,所以流过 r_3 的电流近似为零。当 $U_A = U_B$ 时,电桥平衡,使 $r_1 = r_2$,则 $R_W = R_T$,从而消除了接线电阻的影响。

值得注意的是,流过金属电阻丝的电流不能过大,否则自身会产生较多的热量,对测量结果造成影响。

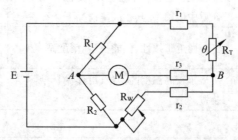

图 6-18　热电阻三线制桥式接线测量电路

二、半导体热敏电阻原理及特点

1. 工作原理

热敏电阻是一种新型的半导体测温元件。半导体中参加导电的是载流子,由于半导体中载流子的数目远比金属中自由电子数目少得多,其电阻率较大。随温度的升高,半导体中更多的价电子受热激发跃迁到较高能级而产生新的电子–空穴对,因而参加导电的载流子数目增加了,半导体的电阻率也就降低了(电导率增加)。因为载流子数目随温度

上升按指数规律增加,所以半导体的电阻率也就随温度上升按指数规律下降。热敏电阻正是利用半导体这种载流子数随温度变化而变化的特性制成的一种温度敏感元件。温度变化 1 ℃时,某些半导体热敏电阻的阻值变化将达到 3% ~6%。在一定条件下,通过测量热敏电阻值的变化可以得知温度的变化。

2. 热敏热电阻温度特性

热敏电阻按照其温度系数可分为负温度系数热敏电阻(NTC)和正温度系数热敏电阻(PTC)两类。所谓正温度系数,是指电阻的变化趋势与温度的变化趋势相同;所谓负温度系数,是指温度上升时电阻值反而下降的变化特性。

(1)NTC 热敏电阻

NTC 热敏电阻研制得较早,也较成熟。最常见的 NTC 热敏电阻是由金属如锰、钴、铁、镍、铜等的氧化物混合烧结而成,其标称阻值(25 ℃)根据氧化物的比例不同,可以在 0.1 Ω 至几兆欧范围内。根据不同的用途,NTC 又可分为两大类:第一类用于测量温度。它的阻值与温度之间呈严格的负指数关系,如图 6 – 19 中的曲线 2 所示。指数型 NTC 的灵敏度由制造工艺、氧化物含量决定,用户可根据需要选择,其精度和一致性可达 0.1%。因此,NTC 的离散性较小,测量精度较高。例如,25 ℃时标称阻值为 10.0 Ω 的 NTC,在 –30 ℃时阻值高达 130 kΩ,而在 100 ℃时只有 850 Ω,相差两个数量级,灵敏度很高,多用于空调、电热水器等,在 0 ~100 ℃范围内做测温元件。第二类为突变型,又称临界温度型(CTR)。当温度上升到某临界点时,其电阻值突然下降,多用于各种电子电路中抑制浪涌电流。例如,显像管的灯丝回路中串联一只突变型 NTC,可减小上电时的冲击电流。负突变型热敏电阻的温度 – 电阻特性如图 6 – 19 中的曲线 1 所示。

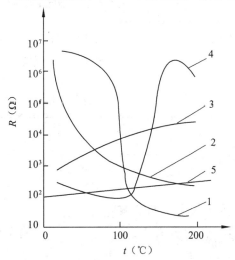

1 – 突变型 NTC　2 – 负指数型 NTC　3 – 线性型 PTC　4 – 突变型 PTC　5 – 铂热电阻

图 6 – 19　热敏电阻的温度 – 电阻特性曲线

(2)PTC 热敏电阻

典型的 PTC 热敏电阻通常是在钛酸钡中掺入其他金属离子,以改变其温度系数和临界点温度。它的温度 – 电阻特性呈非线性,如图 6 – 19 的曲线 4 所示。它在电子线路中多起限流、保护作用。流过 PTC 的电流超过一定限度或 PTC 个感受到的温度超过一定限度时,其电阻值突然增大。例如,电视机显像管的消磁线圈上就串联了一只 PTC 热敏电阻。大功率的 PTC 型陶瓷热电阻还可以用于电热暖风机。PTC 的体温达到设定值(例如 210 ℃)时,PTC 的阻值急剧上升,流过 PTC 的电流减小,使暖风机的温度基本恒定于设定值上,提高了安全性。近年来还研制出掺有大量杂质的 Si 单晶 PTC。它的电阻变化接近线性,如图 2 – 7 中的曲线 3 所示,其最高工作温度上限约为 140 ℃。

 ‖单元小结‖

本单元主要介绍用热电偶及热电阻测量温度的方法。热电式传感器是一种能够将温度变换转换为电信号的传感器,它是利用某些材料或元件的性能随温度变化的特性进行测量的,如金属或半导体材料的电阻值随温度的升高而变化,常用的有铂热电阻、铜热电阻以及半导体热敏电阻等。而热电偶则是利用热电效应原理进行工作的。热电偶传感器的工作原理、基本定义、测量电路是本章学习的重点,同时也要结合案例分析学会热电式传感器的实际应用。

本单元知识点梳理

任务名称	知识点
任务 1　热电偶测量温度	1. 热电偶的工作原理、连接方式 2. 热电偶冷端温度补偿方法 3. 热电偶的种类、代号、测温范围 4. 普通工业热电偶的结构、应用场合
任务 2　热电阻测量温度	1. 热电阻测温的工作原理、连接方式 2. 热电阻测温三线式接法 3. 热电阻测温计的种类、代号、测温范围 4. 普通工业热电阻的结构、应用场合

‖综合测试‖

一、填空题

1. 工程(工业)中,热电偶冷却处理方法有_____。

2. 温度传感器从使用上大致可分为_____和_____两大类。

3. 热敏电阻主要有_____和_____两种类型。

4. 电阻内部引线的方式有_____、_____和_____三种。

二、选择题

1. 热电偶中热电动势由(　　)组成。

　　A. 感应电动势　　　　B. 温差电动势　　　　C. 接触电动势　　　　D. 切割电动势

2. 实用热电偶的热电极材料中,用得较多的是(　　)。

A. 纯金属   B. 非金属   C. 半导体   D. 合金

3. 两种导体之间产生的热电动势是( )。

  A. 感应电动势   B. 温差电动势   C. 接触电动势   D. 切割电动势

4. 热电偶产生热电动势的条件是( )。

  A. 两热电极材料相同   B. 两热电极材料不同

  C. 两热电极的两端点温度不同   D. 两热电极的两端点温度相同

5. 热电偶冷却处理中,冷却延长法是( )。

  A. 将冷端引到低温且变化较小的地点   B. 将冷端温度恒为零

  C. 补偿由于冷端温度变化引起的热电动势的变化   D. 使冷端保持某一恒定温度

三、简答题

1. 热电偶的工作原理是什么?

2. 使用热电阻测温时,为什么要采用三线制法?

四、实操题

1. 利用 Cu50 温度传感器来进行测温实验。

2. 利用 Pt100 热电阻进行测温实验。

附录一 基础性实验项目

实验一 金属箔式应变片——单臂电桥性能实验

一、实验目的

了解金属箔式应变片的应变效应,单臂电桥工作的原理和性能。

二、基本原理

电阻丝在外力作用下发生机械变形时,其电阻值发生变化,这就是电阻应变效应。电阻应变传感器主要由电阻应变片、弹性元件及测量转换电桥电路等组成。描述电阻应变效应的关系式为:

$$\frac{\Delta R}{R} = k\varepsilon$$

式中,$\frac{\Delta R}{R}$ 为电阻丝电阻的相对变化;k 为应变灵敏系数;$\varepsilon = \frac{\Delta l}{l}$,为电阻丝长度相对变化,金属箔式应变片就是通过光刻、腐蚀等工艺制成的应变敏感元件,通过它转换被测部位的受力状态变化,电桥的作用是完成电阻到电压的比例变化,电桥的输出电压反映了相应的受力状态。单臂电桥输出电压 $U_{o1} = Ek\Delta\varepsilon/4$。

三、需用器件与单元

CGQ – 001 实验模块、CGQ – 013 实验模块、应变式传感器、砝码、电压表、± 15 V 电源、± 4 V 电源、万用表。

四、实验步骤

1. 根据图附 1 – 1、图附 1 – 2,应变式传感器已装于应变传感器模块上。传感器中各应变片已接入模块左上方的 R_1、R_2、R_3、R_4。加热丝也接于模块上,可用万用表进行测量判别,$R_1 = R_2 = R_3 = R_4 = 350\ \Omega$,加热丝阻值为 50 Ω 左右。

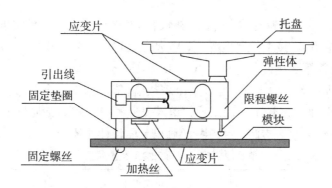

图附 1-1 应变式传感器安装示意图

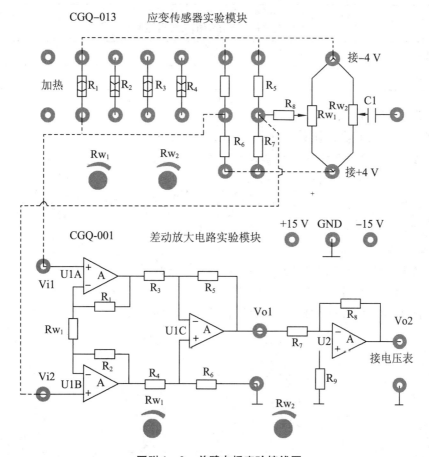

图附 1-2 单臂电桥实验接线图

2. 实验模块接入模块电源 ±15 V(从主控箱引入),检查无误后,合上主控箱电源开关,将 CGQ-001 实验模块调节增益电位器 Rw_1 顺时针调节大致到中间位置,再进行差动放大器调零,方法为将差放的正、负输入端与地短接,输出端与主控箱面板上的电压表电压输入端 Vi 相连,调节实验模块上调零电位器 Rw_2,使电压表显示为零(电压表的切换开关打到 2 V 挡)。关闭主控箱电源。

3. 将 CGQ-013 实验模块上应变式传感器的其中一个应变片 R_1(即模块左上方的

R_1)接入电桥,作为一个桥臂与 R_5、R_6、R_7 接成直流电桥($R_5 R_6$、R_7 模块内已连接好),接好电桥调零电位器 Rw_1,接上桥路电源 ±4 V(从主控箱引入),如图附 1-2 所示。检查接线无误后,合上主控箱电源开关。调节 Rw_1,使电压表显示为零。

4. 在电子秤上放置一只砝码,读取电压表数值,依次增加砝码和读取相应的电压表值,直到 200 g 砝码加完。记下实验结果并填入表附 1-1。然后把砝码依次拿下来,并记录相应的数值,把结果填入表附 1-2 中,并画出反向特性曲线。

表附 1-1　　　　　　　　　单臂电桥输出电压与加负载重量值

质量(g)							
电压(mV)							

表附 1-2　　　　　　　　　单臂电桥输出电压与加负载重量值

质量(g)							
电压(mV)							

5. 实验完毕,关闭电源。

根据表附 1-1 计算系统灵敏度 S:$S = \Delta u / \Delta W$

式中,Δu 输出电压变化量;ΔW 重量变化量

计算线性误差:$\delta_{fl} = \Delta m / y_{F.S} \times 100\%$

式中,Δm 为输出值(多次测量时为平均值)与拟合直线的最大偏差;$y_{F.S}$ 为满量程输出平均值,此处为 200 g。

五、思考题

1. 单臂电桥时,作为桥臂电阻应变片应选用哪一种?(　　　)

A. 正(受拉)应变片　　　　B. 负(受压)应变片　　　　C. 正、负应变片均可

2. 根据实验结果,画出实验正向和反向特性曲线,并分析。

实验二 金属箔式应变片——半桥性能实验

一、实验目的

比较半桥与单臂电桥的不同性能,了解其特点。

二、基本原理

不同受力方向的两片应变片接入电桥作为邻边,电桥输出灵敏度提高,非线性得到改善。当两片应变片阻值和应变量相同时,其桥路输出电压 $U_{O_2} = Ek\varepsilon/2$。

三、需要器件与单元

CGQ-001 实验模块、CGQ-013 实验模块、应变式传感器、砝码、电压表、±15 V 电源、±4 V 电源、万用表。

四、实验步骤

1. 实验模块接入模块电源 ±15 V(从主控箱引入),检查无误后,合上主控箱电源开关,将 CGQ-001 实验模块调节增益电位器 Rw_1 顺时针调节大致到中间位置,再进行差动放大器调零,方法为将差放的正、负输入端与地短接,输出端与主控箱面板上的电压表电压输入端 Vi 相连,调节实验模块上调零电位器 Rw_2,使电压表显示为零(电压表的切换开关打到 2 V 挡)。关闭主控箱电源。

2. 根据图附1-3接线。R_1、R_2 为 CGQ-013 实验模块左上方的应变片,注意 R_2 应和 R_1 受力状态相反,即将传感器中两片受力相反(一片受拉、一片受压)的电阻应变片作为电桥的相邻边。接入桥路电源 ±4 V,调节电桥调零电位器 Rw_1 进行桥路调零。

实验步骤3、4同实验一中。

将实验数据记入表附1-3,计算灵敏度 $S = \Delta u/\Delta W$,非线性误差 δ_{f2}。若实验时无数值显示,说明 R_2 与 R_1 为相同受力状态应变片,应更换另一个应变片。

表附1-3   单臂电桥输出电压与加负载重量值

质量(g)								
电压(mV)								

3. 实验完毕,关闭电源。

五、思考题

1. 半桥测量时两片不同受力状态的电阻应变片接入电桥时,应放在对边还是邻边?

2. 桥路(差动电桥)测量时存在非线性误差,是因为( )。

A. 电桥测量原理上存在非线性

B. 应变片应变效应是非线性的

C. 调零值不是真正为零

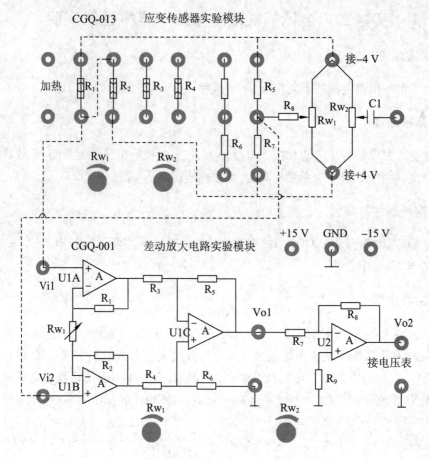

图附 1-3 半桥实验接线图

实验三 金属箔式应变片——全桥性能实验

一、实验目的

了解全桥测量电路的优点。

二、基本原理

全桥测量电路中,将受力性质相同的两应变片接入电桥对边,不同的两应变片接入邻边,当应变片初始阻值 $R_1 = R_2 = R_3 = R_4$,其变化值 $\Delta R_1 = \Delta R_2 = \Delta R_3 = \Delta R_4$ 时,其桥路输出电压 $U_{0_3} = kE\varepsilon$。其输出灵敏度比半桥又提高了一倍,非线性误差和温度误差均得到改善。

三、需用器件和单元

CGQ – 001 实验模块、CGQ – 013 实验模块、应变式传感器、砝码、电压表、±15 V 电源、±4 V 电源、万用表。

四、实验步骤

1. 实验模块接入模块电源 ± 15 V（从主控箱引入），检查无误后，合上主控箱电源开关，将 CGQ – 001 实验模块调节增益电位器 Rw_1 顺时针调节大致到中间位置，再进行差动放大器调零，方法为将差放的正、负输入端与地短接，输出端与主控箱面板上的电压表电压输入端 Vi 相连，调节实验模块上调零电位器 Rw_2，使电压表显示为零（电压表的切换开关打到 2 V 挡）。关闭主控箱电源。

2. 根据图附 1 – 4、附 1 – 5 接线，R_1、R_2 为 CGQ – 013 实验模块左上方的应变片，注意 R_2 应和 R_1 受力状态相反，即将传感器中两片受力相反（一片受拉、一片受压）的电阻应变片作为电桥的相邻边。将实验结果填入表附 1 – 4；进行灵敏度和非线性误差计算。

表附 1 – 4　　　　　　　　全桥输出电压与加负载重量值

质量(g)						
电压(mV)						

3. 实验完毕，关闭电源。

五、思考题

1. 全桥测量中，当两组对边（R_1、R_3 为对边）的电阻值 R 相同，即 $R_1 = R_3$，$R_2 = R_4$，而 $R_1 \neq R_2$ 时，是否可以组成全桥？

2. 某工程技术人员在进行材料拉力测试时在棒材上贴了两组应变片，如何利用这四片电阻应变片组成电桥？是否需要外加电阻？

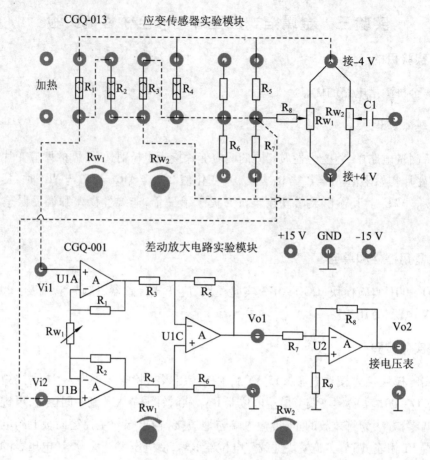

图附 1-4　全桥实验接线图

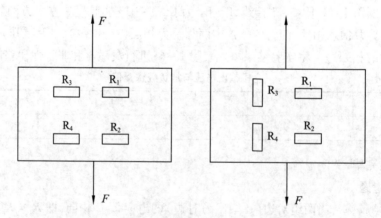

图附 1-5　应变式传感器受拉时传感器圆周面展开图

实验四　直流全桥的应用——电子秤实验

一、实验目的

了解应变片直流全桥的应用及电路的标定。

二、基本原理

电子秤实验原理为全桥测量原理,通过调节电路使电路输出的电压值为重量的对应值,电压单位(V)改为质量单位(g),即成为一台原始的电子秤。

三、需用器件与单元

CGQ-001 实验模块、CGQ-013 实验模块、应变式传感器、砝码、电压表、±15 V 电源、±4 V 电源、万用表。

四、实验步骤

1. 接入模块电源 ±15 V(从主控箱引入),检查无误后,合上主控箱电源开关。

按实验一中步骤 2 方法将差动放大器调零,按图附 1-4 所示全桥接线,合上主控箱电源开关并调节电桥平衡电位器 Rw_1,使电压表显示 0.00 V。

2. 将 10 只砝码全部置于传感器的托盘上,调节电位器 Rw_3(增益即满量程调节),使电压表显示为 0.200 V(2 V 挡测量)或 -0.200 V。

3. 拿去托盘上的所有砝码,调节电位器 Rw_4(零位调节),使电压表显示为 0.000 V 或 -0.000 V。

4. 重复步骤 2、3 的标定过程,一直到精确为止,把电压单位 V 改为质量单位 g,就可称重,成为一台原始的电子秤。

5. 把砝码依次放在托盘上,将对应数据填入表附 1-5 中。

表附 1-5　　　　　　　　　　直流全桥应用

质量(g)								
电压(mV)								

6. 实验完毕,关闭电源。根据表附 1-5 计算误差与非线性误差。

实验五　差动变压器的应用——测量振动

一、实验目的

了解差动变压器测量振动的方法。

二、基本原理

利用差动变压器测量动态参数与测位移的原理相同。

三、需用器件与单元

音频振荡器、低频振荡器、CGQ－05 振动源模块、CGQ－003 差动变压器实验模块、CGQ－012 移相器/相敏检波器/低通滤波器模块、示波器、直流稳压电源。

四、实验步骤

1. 将差动变压器按图附 1－6，安装在振动源模块的振动源上。

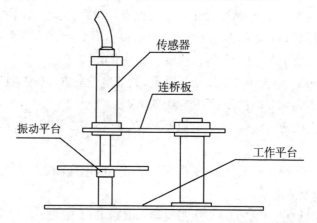

图附 1－6　差动变压器振动测量安装示意图

2. 实验模块接入模块电源 ±15 V（从主控箱引入），检查无误后，合上主控箱电源开关。按图附 1－7 接线，并调整好有关部分。调整如下：

（1）检查接线无误后，合上主控台电源开关，用示波器观察 Lv 的峰－峰值，调整音频振荡器幅度旋钮使 $V_{op-p}=2$ V。

（2）利用示波器观察相敏检波器输出，调整传感器连接支架高度，使示波器显示的波形幅值为最小。

（3）仔细调节 Rw$_1$ 和 Rw$_2$，使示波器（相敏检波输出）显示的波形幅值更小，基本为零。

（4）用手按住振动平台（让传感器产生一个大位移），仔细调节移相器和相敏检波器的旋钮，使示波器显示的波形接近一个全波整流波形。

（5）松手，整流波形消失，变为一条接近零点线（否则再调节 Rw$_1$ 和 Rw$_2$）。低频振荡器输出引入振动源的低频输入,调节低频振荡器幅度旋钮和频率旋钮,使振动台振荡较为明显。用示波器观察放大器 V_o、相敏检波器的 V_o 及低通滤波器的 V_o 波形。

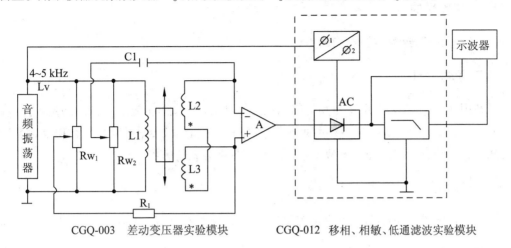

图附 1 - 7　差动变压器振动测量实验接线图

3. 保持低频振荡器的幅度不变,改变振荡频率,用示波器观察低通滤波器的输出,读出电压峰－峰值,记下实验数据,填入表附 1 - 6。

表附 1 - 6　　　　　　　　　　　　振荡频率与电压峰－峰值的关系

$f(\text{Hz})$							
$V_{\text{p-p}}(\text{V})$							

4. 根据实验结果作出 f—$V_{\text{p-p}}$ 特性曲线,指出自振频率的大致值,并与用应变片测出的结果相比较。

5. 保持低频振荡器频率不变,改变振荡幅度,同样实验,可得到振幅与 $V_{\text{p-p}}$ 的关系曲线(定性)。

注意:低频振荡器电压幅值不要过大,以免梁在自振频率附近振幅过大。

6. 实验完毕,关闭电源。

五、思考题

1. 如果用直流电压表来读数,需增加哪些测量单元? 测量线路该如何?

2. 利用差动变压器测量振动,在应用上有些什么限制?

实验六 电容式传感器的位移特性实验

一、实验目的

了解电容式传感器结构及其特点。

二、基本原理

利用平板电容 $C = \varepsilon A/d$ 和其他结构的关系式,通过选择相应的结构和测量电路,在 ε、A、d 三个参数中保持两个参数不变,而只改变其中一个参数,则可以有测谷物干燥度(ε 变)、测微小位移(d 变)和测量液位(A 变)等多种电容式传感器。

三、需用器件与单元

电容传感器、CGQ - 004 电容传感器实验模块、测微头、电压表、直流稳压源。

四、实验步骤

1. 按图附 1 - 8 将电容传感器装于电容传感器实验模块上。

2. 将电容传感器连线插入电容传感器实验模块。

3. 将电容传感器实验模块的输出端 V_o 与电压表单元 V_i 相接(插入主控箱 Vi 孔),Rw_2 调节到中间位置。

4. 接入 ± 15 V 电源,旋动测微头推进电容传感器动极板位置,每隔 0.2 mm 记下位移 X 与输出电压 U 的值,填入表附 1 - 7。

表附 1 - 7   电容传感器位移与输出电压值

X(mm)							
U(mV)							

5. 实验完毕,关闭电源。根据表附 1 - 7 数据计算电容传感器的系统灵敏度 S 和非线性误差 δ_f。

五、思考题

1. 试设计利用的变化测谷物湿度的传感器原理及结构。在设计中应考虑哪些因素?

2. 根据测量结果,画出传感器的输入输出特性曲线。

3. 观察传感器的特性曲线,分析产生非线性误差的原因。

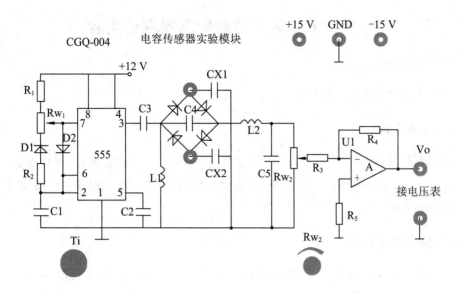

图附 1-8 电容传感器位移实验接线图

实验七　霍尔转速传感器测速实验

一、实验目的

了解霍尔转速传感器的应用。

二、基本原理

利用霍尔效应表达式 $U_H = k_H IB$，当被测圆盘上装上 N 只磁性体时，圆盘每转一周，磁场就变化 N 次，霍尔电势相应变化 N 次，输出电势通过放大、整形和计数电路就可以测量被测旋转物的转速。

三、需用器件与单元

霍尔转速传感器、CGQ–05 转动源模块、2～24 V 可调电源、频率/转速表。

四、实验步骤

1. 根据图附 1–9，将霍尔转速传感器装于传感器支架上，探头对准反射面的磁钢。

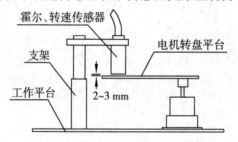

图附 1–9　霍尔转速传感器安装示意图

2. 将直流源加于霍尔元件电源输入端。红（＋）接＋15 V，黑（⊥）接地。

3. 将霍尔转速传感器输出端（蓝）插入数显单元 F_{in} 端。

4. 将 2～24 V 可调电源引到 CGQ–05 转动源横块的 2～24 V 插孔。

5. 将数显单元上的转速/频率表波段开关拨到转速挡，此时转速/频率表指示转速。

6. 调节电压使转动速度变化，观察转速/频率表转速显示的变化。

7. 实验完毕，关闭电源。

五、思考题

1. 利用霍尔元件测转速，在测量上是否有限制？

2. 转速如何测量？

实验八　Cu50 温度传感器的测温特性实验

一、实验目的

了解 Cu50 温度传感器的特性与应用。

二、基本原理

在一些测量精度要求不高且温度较低的场合,一般采用铜电阻,可用来测量 $-50℃$ ~ $+150℃$ 的温度。

三、需用器件与单元

CGQ－04 温度源、CGQ－009 温度传感器实验模块、K/E 型热电偶、Cu50 热电阻、直流源、电压表。

四、实验步骤

1. 首先根据温控仪表型号,仔细阅读"温控仪表操作说明"(见附录三说明一),学会基本参数设定(出厂时已设定完毕)。

2. 将 CGQ－04 温度源模块上的 220 V 加热输入接线柱与主控箱面板温度控制系统中的加热输出接线柱连接。

3. 将温度源中"风机电源"经过温控仪上的 ALM1 再和主控箱中"0 ~ +24 V"电源输出连接(此时电源旋钮打到最大值位置),闭合温度源开关。

4. 将热电偶插入模块温度源的一个传感器安置孔中。将 K(对应温度控制仪表中参数 Sn 为 0,或 E 型 Sn 为 4)热电偶自由端引线插入主控箱面板的传感器插孔中,红线为正极。

5. Cu50 热电阻加热端插入温度源的另一个插孔中,尾部红色线为正端,插入实验模块的 a 端,如图附 1－10 所示,尾部黑色线插入 b 端,a 端接电源 +2 V,b 端与差动运算放大器的 Vi1 一端相接,桥路的另一端和差动放大器的另一端 Vi2 相接。

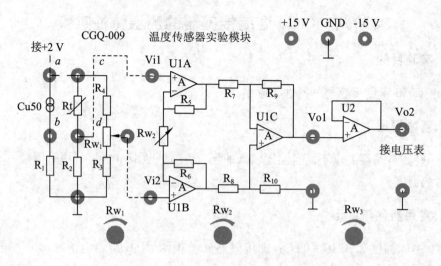

图附 1 - 10　Cu50 热电阻测温特性实验

6. 打开主控台及 CGQ - 04 温度源电源开关,设定温度控制值为 40℃,当温度控制在 40℃时开始记录电压表读数,重新设定温度值为(40℃ + n · Δt),建议 Δt = 5℃,n = 1, 2,…,10,分别读出数显表输出电压与温度值,填入表附 1 - 8。

表附 1 - 8

$T(℃)$									
$V(mV)$									

7. 实验完毕,关闭电源。

五、思考题

大家知道,在一定的电流模式下 PN 结的正向电压与温度之间具有较好的线性关系。可以作出开关二极管或其他温敏二极管在 40℃～100℃之间的温度特性曲线,然后与集成温度传感器相同区间的温度特性曲线进行比较。结果表明,从线性上看温度传感器线性优于温敏二极管。请阐述理由。

实验九 Pt100 热电阻测温特性实验

一、实验目的

了解 Pt100 热电阻的特性与应用。

二、基本原理

根据导体电阻随温度变化的特性,热电阻用于测量时要求其材料电阻温度系数大,稳定性好,电阻率高,电阻与温度之间最好有线性关系。常用铂电阻和铜电阻,铂电阻在 0～630.74℃ 以内,电阻 R_t 与温度 t 的关系为:

$$R_t = R_0 (1 + At + Bt^2)$$

R_0 系温度为 0℃ 时的铂热电阻的电阻值。本实验 $R_0 = 100℃$,$A = 3.90\,802 \times 10^{-3} ℃^{-1}$,$B = -5.080\,195 \times 10^{-7} ℃^{-2}$。铂电阻是三线连接,其中一端接两根引线主要是为了消除引线电阻对测量的影响。

三、需用器件与单元

CGQ-04 温度源、CGQ-009 温度传感器实验模块、K/E 型热电偶、Pt100 热电阻、直流源、电压表。

四、实验步骤

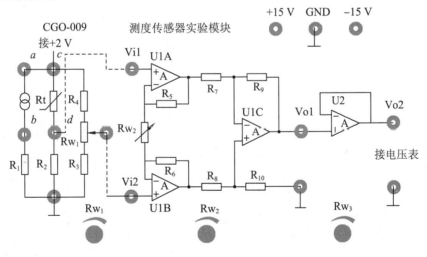

图附 1-11 Pt100 热电阻测温特性实验

1. 按图附 1-11 将 Pt100 铂电阻接入电路,加 ±15 V 电源,调节 Rw₂ 在某一位置,将 Vi1 和 Vi2 短接并接地,调节 Rw₃ 使 Vo₂ 输出电压为零。

2. 将 Pt100 铂电阻三根引线引入 "Rt" 输入的 c、d 上:用万用表欧姆挡测出 Pt100 三根引线中短接的两根线接 d 端。这样 Rt 与 R₂、R₃、R₄、Rw₁ 组成直流电桥,是一种单臂电桥工作形式。

3.在端点 c 与地之间加直流源 +2 V,合上主控箱电源开关,调 Rw_1 使电桥平衡,即桥路输出端 d 和中心活动点之间在室温下输出为零。

4.将 d 点接到 Vi1,RW1 中心点接到 Vi2,如图附 1 – 11 所示。

5.设定温度值 40℃,将 Pt100 探头插入温度源的一个插孔中,开启电源,待温度控制在 40℃ 时记录下电压表读数值,重新设定温度值为 $(40℃ + n \cdot \Delta t)$,建议 $\Delta t = 5℃$,$n = 1$,2,…,10,分别读出数显表输出电压与温度值,将结果填入表附 1 – 9 中。

表附 1 – 9

$t(℃)$									
$V(mV)$									

6.实验完毕,关闭电源。根据表附 1 – 9 中的值计算其非线性误差。

五、思考题

如何根据测温范围和精度要求选用热电阻?

附录二　综合设计性实验项目

实验一　电子称重装置实训

一、目的与要求

1. 更好地理解电阻应变式传感器的实际应用。
2. 更全面地掌握各种测量电路的具体应用特点。
3. 更好地掌握测量电桥、差动放大器及各种电路模块的调节。
4. 了解实用电子装置的基本组成情况。
5. 在锻炼动手能力的同时充分发挥创新潜能,充分调动学习主动性。
6. 充分掌握前面两次实训的有关内容,弄清电阻应变式传感器的基本工作原理及性能特点;掌握半桥、全桥和交流全桥这三种基本测量电路的性能特点。
7. 根据测量要求自主设计测量电路,可以参考本实验中所提供的电路图,也可以采用别的方法实现。

二、实训的基本原理

本次实训的基本原理是利用电阻应变式传感器的输出与应变成正比,通过一定的机械结构将被称物体的质量转换成与之成一定比例关系的应变,然后由传感器将这一应变变成电阻的变化输出到测量电路,通过测量电路转换成电压信号输出到显示表头,通过一定的计算就可得到每毫伏输出电压对应多少克,再通过测量找出传感器的线性范围,就能确定这一电子称重装置的称重范围。

它的称重精度可通过调节放大器的放大倍数来调整,也可以通过不同的显示装置来调整。例如,采用 mV 级的显示表头时读数到毫伏为止,而当采用 0.1 mV 级表头时读到 0.1 mV 其精度就可提高 10 倍。称重装置的灵敏度主要取决于该装置的机械结构部分及电阻应变片的应变灵敏度两个方面,机械结构部分的刚度决定了同等质量的物体作用下能产生的应变大小,而应变的大小又决定了电阻应变片输出量的大小。因此,要达到一定的称重分辨力,应要求装置机械部分的刚度不宜太大,理论上刚度越小分辨力越高。但刚度也不能过小,因为应变片的线性范围很小。刚度过小会使它的线性范围变得非常小,失去实用价值。例如,某一应变片的线性范围是应变量变化在 $0.001\% \sim 1\%$。如果 1 g 作用之下使之产生 0.001% 的应变,它的分辨力就是 1 g;如果它在 100 kg 作用下产生 1% 的应变,则其称重范围是 $1 \sim 100$ kg。若刚度过小,在几克重物作用下应变就超过 1%,则其称重范围显得太小,没有多少实用价值,故应变片的选择要根据称重装置的称重范围和精度要求而定。另外,实用的测量电桥必须考虑其温度漂移问题。测量电桥的温度漂移是指测量装置的工作温度发生变化时所得到的测量结果有所不同。引起温度漂移的原因主要有两个:一是应变片的电阻丝本身存在一定的温度系数;二是应变片的敏感元件与测试结构的传力结构线性系数不尽相同。为了保证测量精度,必须对测量电路进行温度补偿。补偿的方法有应变片温度自适应补偿法和电路补偿法等。

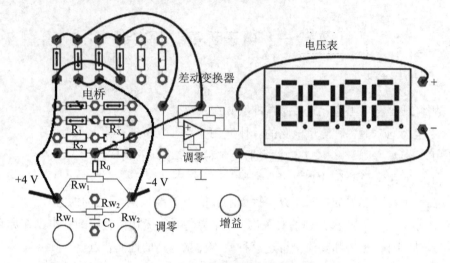

图附 2 – 1　电子称重实验参考图

注意:R_2 和 R_3 不用接入实验当中,±4 V 电源接入面板的 ±5 V。

三、实训装置

CGQ – DC1 电子称重训练套件、CGQ – 013 – A 应变传感器实验模块。

四、内容及步骤

1. 先对差动放大器和应变电桥进行调零。

2. 按所涉及的原理图进行接线。

3. 用标准砝码对称重装置进行标定和确定线性范围。

4. 调整各参数,使得到的参数符合要求

5. 进行实际称重,检验此装置是否合理,对存在的问题进行仔细分析,并找出解决办法。

6. 再进行测定,直到符合要求为止。

五、注意事项

1. 注意调整差动放大器的零位,其放大倍数要合理。

2. 接线要牢固、正确,应仔细检查,尤其是电源极性不可接错。

3. 实际称重时要注意:所放重物不能超过线性范围的上限。

4.如果需要拆卸线路板,在拆卸线路板之前一定要将国标电源线拔出,待整理好线及安装好线路板后才能将国标电源线接入训练套件。

六、思考题

1.分析你所采用的称重方法有何特点和优势。

2.引起称重误差的因素有哪些?

3.经过这次实训,你最深的体会是什么?

实验二 位移测量装置实训

一、目的与要求

1. 进一步了解霍尔式传感器在工业生产各领域中的应用状况。
2. 更好地理解这类传感器的结构原理和工作过程。
3. 了解霍尔传感器组成检测或自控系统的基本方法和所需的常用仪表。
4. 应认真复习有关霍尔效应及霍尔芯片的基本原理,弄清这类传感器的基本结构。
5. 测量的基本要求为:位移测量的相对误差小于 1% 。
6. 认真仔细地做好实训记录,对数据进行必要的处理,及时完成实训报告。

二、实训的基本原理

本次实训的基本原理是用螺旋测微头对霍尔式传感器进行标定,然后根据标定结果来测量未知位移。这是霍尔传感器在静态下的基本应用,由于线性范围较小,这种测量系统只适用于小位移的检测。对于较大的位移,应设法扩大其线性范围。检测系统的组成原理如图附 2 - 2 所示,参考接线如图附 2 - 3 所示,图中信号处理电路部分由差动放大器、相敏检波器、低通滤波器和移相器组成;采用数字式电压表和双线滤波器来显示测量结果;电源用音频振荡发生器;系统调零用电桥网络来完成。当然,这只是系统组成的参考方案,同学们可以自行的选择组成系统的各个部分,只要能满足测量精度要求就行。

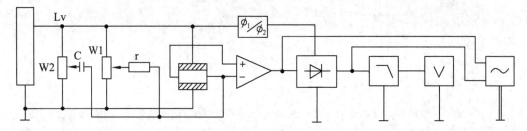

图附 2 - 2 总体框图

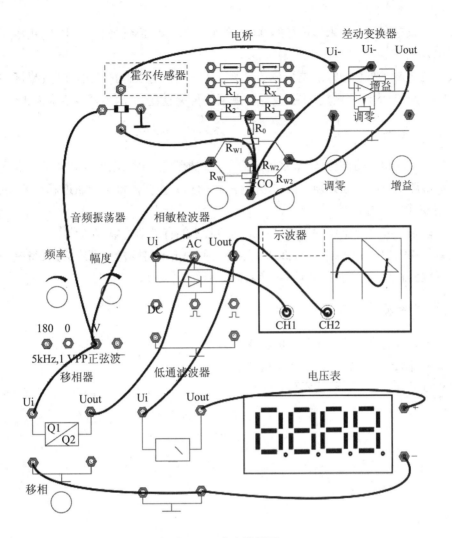

图附2-3 参考接线图

三、实训装置

CGQ - YWK1 位移测量训练套件、CGQ - 014 - A 静态支架、霍尔传感器和螺旋测微头。

四、内容及步骤

1. 按检测要求,结合给出的参考测量系统,自行确定本次实训的电路原理,画出系统组成框图,经指导教师批准后方可实施。

2. 对差动放大器进行调零,并检查所有要用到的电路模块,确定都能正常使用后开始按图接线,接线完成后经指导教师检查确认无误,然后开始通电测试。

3. 开始对检测系统进行特性标定,旋动测微头,每进给 0.1 mm 读出一个电压值。反复测量,测得多组数据后求出系统的电压灵敏度和线性范围。

4. 完成标定后进行未知位移的测量,每加一个未知位移得到一个电压,由电压灵敏度求得未知位移。

5. 与螺旋测微头的标准位移进行比较,求出其相对误差的大小,对照测量的精度要求,如果存在较大的差距,应重新设计检测系统再测量,直到满足精度要求为止。

五、注意事项

1. 仔细调整磁路部分,使霍尔传感器工作在梯度磁场中,以保证其测量灵敏度。

2. 磁路部分的中缝必须与霍尔芯片保持平行,并应使极靴尽量靠近芯片的敏感部分,以达到较好的检测效果。

3. 线路的各个节点要保证连接可靠、牢固,不能有松动现象。

4. 如果需要拆卸线路板,在拆卸线路板之前一定要将国标电源线拔出,待整理好线及安装好线路板后才能将国标电源线接入训练套件。

六、思考题

1. 该系统能否用于较大位移的检测?为什么?

2. 在什么情况下需要使用相敏检波器?

3. 试设计一种不接触式霍尔检测计。

附录三 说明

说明一 QSCGQ-2型传感器与检测技术实训装置说明书

QSCGQ-2型传感器与检测技术实训装置是为满足自动化专业、机电一体化专业、电子信息专业、仪器仪表专业课程传感器原理与应用、自动检测技术、工业自动化仪表与控制等的教学实训要求设计而成的。

该装置采用网孔板结构形式,实训内容采用单元模块形式,可完成传感器特性实训传感器线路实训及各模块组合的系统实训内容,实训方式较为灵活,功能扩展方便,实训内容不受实训装置硬件和软件限制,可根据学校自身要求添加新的模块和新的项目。

一、实验台的组成

本实训装置由控制屏及实验桌、检测对象模块、传感器模块、实验单元、数据采集卡及LABVIEW应用软件六部分组成。

1. 控制屏及实验桌

主控屏为铁质双层亚光密纹喷塑结构,桌面为防火、防水、耐磨高密度板,结构牢固,外形美观大方。实验台设有抽屉、键盘架、电脑柜、存放柜,可用于存放各实验模块;实验台上设有网孔板,传感器实验模块可在网孔板上完成,方便教师演示。

主控屏部分包括:

(1)直流稳压电源:提供高稳定的±15 V、+5 V、±2 V~±10 V分五挡输出、+2 V~+24 V可调四种直流电源;

(2)0~20 V数字直流电压表:精度0.5级,测量范围0~20 V,量程为200 mV、2 V、20 V三挡拨段开关切换。

(3)频率/转速表:分为频率挡和转速挡,通过拨段开关切换,频率测量范围为0~9 999 Hz。

(4)数字压力表:采用微型压力传感器进行气压/电压转换,测量范围0~25 kPa。

(5)计时秒表:计时范围0~9 999 s,有计时、暂停、复位等功能。

(6)音频信号源(音频振荡器):0.4~10 kHz(可调)。

(7)低频信号源(低频振荡器):1~30 Hz(可调)。

(8)气压源:0~25 kPa可调。

(9)流量计:采用玻璃转子流量计,量程5 L/min。

(10)智能PID仪表:采用高精度智能化PID调节温度控制仪,多种输入输出规格,人工智能调节以及参数自整定功能,先进控制算法,温度控制精度 0.5 级。

2. 检测对象

(1)温度源:0～220 V 交流电源加热,温度可控制在室温至 120℃。

(2)转动源:+2～+24 V 直流电源驱动,转速可调(0～3 000 转/分)。

(3)振动源:振动频率 1～30 Hz。

3. 传感器模块系列配置说明

配置了实用的传感器元器件,有差动变压器、电容传感器、霍尔位移传感器、压电传感器、电涡流传感器、光纤传感器、Pt100 铂热电阻、Cu50 温度传感器、AD590 集成温度传感器、K 型热电偶、E 型热电偶、磁电传感器、霍尔开关传感器、光电开关传感器、应变传感器、扩散硅压力传感器、气敏传感器、湿敏传感器等,二次电路采用模块化设计,通过传感器和二次电路模块配合完成相关的传感器实验,实验直观,接线方便,实验效果良好。

技术条件如下:

(1)输入电源:单相三线 AC220 V ±10% 50 Hz;

(2)工作环境:温度 –10～+40℃,相对湿度 <85%(25℃),海拔 <4 000 m;

(3)装机容量:<0.5 kVA;

(4)外形尺寸:1 400 mm×750 mm×1 600 mm;

4. 数据采集卡

本采集卡与计算机、LABVIEW 软件连接可完成虚拟仪器技术实训内容。

采集卡具有独立双通道 16 bit 分辨率,500 ksps 以上的实时采样;八路 12 bit 分辨率,200 ksps 实时采样;USB 2.0 通讯接口,符合 USB 2.0 协议规范,可实现 480 M 比特/秒的高速数据传输。二路 12 bit D/A 输出,八路 TTL 输入,八路 TTL 输出。

5. 上位机软件

上位机软件采用 LABVIEW 设计而成,具有良好的计算机界面,可以进行实验项目选择与编辑,数据采集,特性曲线的分析、比较,文件存取、打印等。

上位机软件能采集实验台上直流电压表的数据,并可在计算机上实时显示,学生可通过鼠标确认填入相应的表格;具有双轨道示波卡功能,可采集实验中的各种被测波形,并可记录保存在计算机中。

二、仪器维护及故障排除

1. 维护

(1)防止硬物撞击、划伤实验台面;防止传感器及实验模板跌落地面;

(2)实验完毕,要将传感器、配件、实验模板及连线全部整理好。

2. 故障排除

(1)开机后数显都无显示,应查 AC 220 V 电源有无接通、主控箱侧面 AC 220 V 插座中的保险丝是否烧断。如都正常,则更换主控箱中主机电源。

(2)转动源不工作,则手动输入 +12 V 电压,如不工作,更换转动源;如工作正常,应查调节仪设置是否准确;控制输出 Vo 有无电压,如无电压,更换主控箱中的转速控制板。

（3）振动源不工作,检查主控箱面板上的低频振荡器有无输出,如无输出,更换信号板;如有输出,更换振动源的振动线圈。

（4）温度源不工作,检查温度源电源开关有无打开;温度源的保险丝是否烧断;调节仪设置是否正常,如都正常,则更换温度源。

三、注意事项

1. 在实训前务必详细阅读实训指导。

2. 严禁用酒精、有机溶剂或其他腐蚀性溶液擦拭主控箱的面板和实训面板。

3. 请勿将主控箱的电源、信号源输出端与地短接,因短接时间长易造成电路故障。

4. 请勿将主控箱的电源引入实训模板。

5. 在更换接线时应断开电源,只有在确保接线无误后方可接通电源。

6. 实训完毕后,请将传感器及实训模板放回原处。

7. 如果实训台长期未通电使用,在实训前先通电预热 10 分钟,再检查一次漏电保护按钮是否有效。

8. 实训接线时,要握住手柄插拔实验线,不能拉扯实验线。

说明二　温控仪表操作说明

一、面板说明(图附 3 - 1)

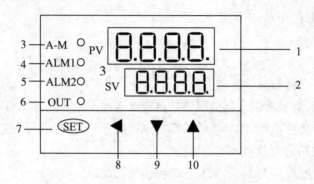

图附 3 - 1　温控仪表表盘

1—测量值显示窗(红)　2—给定值显示窗(绿)　3—手动指示灯(绿)　4—AL1 动作时点亮对应的灯(红)
5—AL2 动作时点亮对应的灯(红)　6—调节输出指示灯(绿)　7—功能键　8—数据移位(兼手动/自动切换)
9—数据减少键　10—数据增加键

1. PV 与 SV

仪表上电后,上显示窗口显示测量值(PV),下显示窗口显示给定值(SV)。在基本状态下,SV 窗口能用交替显示的字符来表示系统某些状态,如下:

(1)输入的测量信号超出量程(因传感器规格设置错误、输入断线或短路均可能引起)时,则闪动显示:"orAL"。此时仪表将自动停止控制,并将输出固定在参数 outL 定义的值上。

(2)有报警发生时,可分别显示"ALM1""ALM2""Hy - 1"或"Hy - 2",分别表示发生了上限报警、下限报警、正偏差报警和负偏差报警。报警闪动的功能是可以关闭的(参看 AL - P 参数的设置),将报警作为控制时,可关闭报警字符闪动功能以避免过多的闪动。

2. 仪表面板上 4 个 LED 指示灯含义

OUT 输出指示灯:线性电流输出时,通过输出指示灯亮暗变化反映输出电流的大小,时间比例方式输出(继电器、固态继电器及可控硅过零触发输出)时,通过输出指示灯闪动的时间比例反映输出大小。

ALM1 指示灯:AL1 事件动作时点亮对应的灯。

ALM2 指示灯:AL2 事件动作时点亮对应的灯。

A - M 灯:手动指示灯。

二、功能及设置

1. 内部菜单(图附 3 - 2)

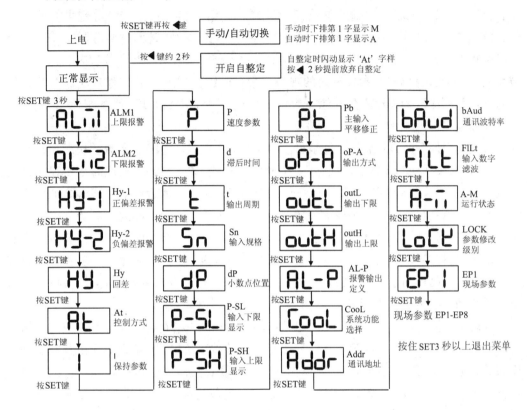

| 按SET键再按◀键 | 手动/自动切换 | 手动时下排第1字显示M |
| | | 自动时下排第1字显示A |

按◀键约2秒 → 开启自整定 → 自整定时闪动显示'At'字样 / 按◀2秒提前放弃自整定

图附 3 - 2

2. 基本使用操作

(1)显示切换

按 SET 键可以切换不同的显示状态。修改数据:如果参数锁没有锁上,仪表下显示窗显示的数值均可通过按◀(A/M)、▲或▼键来修改。例如,需要设置给定值时,可将仪表切换到正常显示状态,按▲键一次,SV 窗口个位小数点闪烁,即可通过按◀(A/M)、▲或▼键来修改给定值。仪表同时具备数据快速增减法和小数点移位法。按▼键减小数据,按▲键增加数据,可修改数值位的小数点同时闪动(如同光标)。按住按键并保持不放,可以快速地增加或减少数值,并且速度会随小数点右移自动加快(3 级速度),而按◀(A/M)键则可直接移动修改数据的位置(光标),操作快捷。

(2)手动/自动切换

按◀(A/M)键,可以使仪表在自动及手动两种状态下进行无扰动切换。手动时下排显示器第一字显示"M",仪表处于手动状态下,直接按▲或▼键可增加及减少手动输出值,自动时按 SET 键可直接查看自动输出值(下排显示器第一字显示"A")。通过对"A - M"参数设置(详见后文),也可使仪表不允许由面板按键操作来切换至手动状态,以防止误入手动状态。

（3）设置参数

按 SET 键并保持约 2 s,即进入参数设置状态。在参数设置状态下按 SET 键,仪表将依次显示各参数,例如上限报警值 ALM1、参数锁 LOCK 等。对于配置好并锁上参数锁的仪表,只出现操作工需要用到的参数(现场参数)。用▼、▲、◄(A/M)等键可修改参数值。按 A/M 键并保持不放,可返回显示上一参数。先按 A/M 键不放接着再按 SET 键可退出设置参数状态。如果没有按键操作,约 30 s 后会自动退出设置参数状态。如果参数被锁上,则只能显示被 EP 参数定义的现场参数(可由用户定义的,工作现场经常需要使用的参数及程序),而无法看到其他的参数。不过,至少能看到 LOCK 参数显示出来。

3. 自整定(AT)操作

仪表初次使用时,可启动自整定功能来协助确定 P、I、D 等控制参数。初次启动自整定时,可将仪表切换到正常显示状态下,按◄(A/M)键,并保持约 2 s,此时下排显示器交替显示"At"字样。自整定时,仪表执行位式调节,2～3 次振荡后自动计算出 P、I、D 等控制参数。如果在自整定过程中要提前放弃自整定,可再按◄(A/M)键并保持 2 s,使"At"字样消失即可。视不同系统,自整定需要的时间可从数秒至数小时不等。仪表自整定成功结束后,会将参数 At 设置为 3(出厂时为 1)或 4,这样今后无法从面板再按◄(A/M)键启动自整定。已启动过一次自整定功能的仪表如果今后还要启动自整定时,可以用将参数"At"设置为 2 的方法进行启动。

系统在不同给定值下整定的出的参数值不完全相同,执行自整定功能前,应先将给定值设置在最常用值或是中间值上,如果系统是保温性能好的电炉,给定值应设置在系统使用的最大值上,再执行启动自整定的操作功能。参数 t(控制周期)及 Hy(回差)的位置对自整定过程也有影响,一般来说,这两个参数的设定值越小,理论上自整定参数准确度越高。但 Hy 值如果过小,则仪表可能因输入波动而在给定值附近引起位式调节的误动作,这样反而可能整定出彻底错误的参数。推荐 t = 0 - 2,Hy = 0.3。

手动自整定:由于自整定执行时采用位式调节,其输出将定位在由参数 outL 及 outH 定义的位置。在一些输出不允许大幅度变化的场合,如某些执行器采用调节阀的场合,常规的自整定并不适宜。对此仪表具有手动自整定模式。方法是先用手动方式进行调节,等手动调节基本稳后,再在手动状态下启动自整定,这样仪表的输出值将限制在当前手动值 +10% 及 -10% 的范围而不是 outL 及 outH 定义的范围,从而避免了生产现场不允许的阀门大幅度变化现象。此外,当被控物理量响应快速时,手动自整定方式能获得更准确的自整定结果。

4. 参数功能说明

仪表通过参数来定义仪表的输入、输出、报警及控制方式。表附 3 - 1 给出了出厂参数表。

表附 3 - 1 温控仪表出厂参数表

序号	参数代号	设置参数
1	ALM1	100
2	ALM2	−1999
3	Hy − 1	0
4	Hy − 2	9999
5	Hy	0.3
6	At	0
7	I	10
8	P	10
9	d	50
10	t	4
11	Sn	0
12	dp	0
13	P − SL	0
14	P − SH	100
15	Pb	0.0
16	Op − A	0
17	Out − L	0
18	Out − H	100
19	AL − P	4
20	CooL	6
21	Addr	0
22	bAud	202
23	FLIT	0
24	A − M	2
25	LocK	808
26	EP1	nonE

说明三 电阻和电偶分度表

表附 3-2

Cu50 铜电阻分度表

分度号：Cu50 $R_0 = 50\ \Omega$ $\alpha = 0.004\ 280$

温度 (℃)	电阻值（Ω）									
	0	1	2	3	4	5	6	7	8	9
0	50.00	50.21	50.43	50.64	50.86	51.07	51.28	51.50	51.71	51.93
10	52.14	52.36	52.57	52.78	53.00	53.21	53.43	53.64	53.86	54.07
20	54.28	54.50	54.71	54.92	55.14	55.35	55.57	55.78	56.00	56.21
30	56.42	56.64	56.85	57.07	57.28	57.49	57.71	57.92	58.14	58.35
40	58.56	58.78	58.99	59.20	59.42	59.63	59.85	60.06	60.27	60.49
50	60.70	60.92	61.13	61.34	61.56	61.77	61.98	62.20	62.41	62.63
60	62.84	63.05	63.27	63.48	63.70	63.91	64.12	64.34	64.55	64.76
70	64.98	65.19	65.41	65.62	65.83	66.05	66.26	66.48	66.69	66.90
80	67.12	67.33	67.54	67.76	67.97	68.19	68.40	68.62	68.83	69.04
90	69.26	69.47	69.68	69.90	70.11	70.33	70.54	70.76	70.97	71.18
100	71.40	71.61	71.83	72.04	72.25	72.47	72.68	72.90	73.11	73.33
110	73.54	73.75	73.97	74.18	74.40	74.61	74.83	75.04	75.26	74.47
120	75.68	75.90	76.11	76.33	76.54	76.76	76.97	77.19	77.40	77.62
130	77.83	78.05	78.26	78.48	78.69	78.91	79.12	79.34	79.55	79.77
140	79.98	80.20	80.41	80.63	80.84	81.06	81.27	81.49	81.70	81.92
150	82.13	—	—	—	—	—	—	—	—	—

表附 3 – 3　　　　　　　　Pt100 铂电阻分度表

分度号:BA₂　　$R_0 = 100 \ \Omega$　　$\alpha = 0.003\ 910$

温度 (℃)	电阻值(Ω)									
	0	1	2	3	4	5	6	7	8	9
0	100.00	100.40	100.79	101.19	101.59	101.98	102.38	102.78	103.17	103.57
10	103.96	104.36	104.75	105.15	105.54	105.94	106.33	106.73	107.12	107.52
20	107.91	108.31	108.70	109.10	109.49	109.88	110.28	110.67	111.07	111.46
30	111.85	112.25	112.64	113.03	113.43	113.82	114.21	114.60	115.00	115.39
40	115.78	116.17	116.57	116.96	117.35	117.74	118.13	118.52	118.91	119.31
50	119.70	120.09	120.48	120.87	121.26	121.65	122.04	122.43	122.82	123.21
60	123.60	123.99	124.38	124.77	125.16	125.55	125.94	126.33	126.72	127.10
70	127.49	127.88	128.27	128.66	129.05	129.44	129.82	130.21	130.60	130.99
80	131.37	131.76	132.15	132.54	132.92	133.31	133.70	134.08	134.47	134.86
90	135.24	135.63	136.02	136.40	136.79	137.17	137.56	137.94	138.33	138.72
100	139.10	139.49	139.87	140.26	140.64	141.02	141.41	141.79	142.18	142.66
110	142.95	143.33	143.71	144.10	144.48	144.86	145.25	145.63	146.10	146.40
120	146.78	147.16	147.55	147.93	148.31	148.69	149.07	149.46	149.84	150.22
130	150.60	150.98	151.37	151.75	152.13	152.51	152.89	153.27	153.65	154.03
140	154.41	154.79	155.17	155.55	155.93	156.31	156.69	157.07	157.45	157.83
150	158.21	158.59	158.97	159.35	159.73	160.11	160.49	160.86	161.24	161.62
160	162.00	162.38	162.76	163.13	163.51	163.89	164.27	164.64	165.02	165.40
170	165.78	166.15	166.53	166.91	167.28	167.66	168.03	168.41	168.79	169.16
180	169.54	169.91	170.29	170.67	171.04	171.42	171.79	172.17	172.54	172.92
190	173.29	173.67	174.04	174.41	174.79	175.16	175.54	175.91	176.28	176.66

表附 3 - 4　　　　　　　　　　　　**K 型热电偶分度表**

分度号：K　　　　　　　　　　　　　　　　　　　　　　　　（参考端温度为 0℃）

测量端温度（℃）	热电动势（mV）									
	0	1	2	3	4	5	6	7	8	9
0	0.000	0.039	0.079	0.119	0.158	0.198	0.238	0.277	0.317	0.357
10	0.397	0.437	0.477	0.517	0.557	0.597	0.637	0.677	0.718	0.758
20	0.798	0.838	0.879	0.919	0.960	1.000	1.041	1.081	1.122	1.162
30	1.203	1.244	1.285	1.325	1.366	1.407	1.448	1.489	1.529	1.570
40	1.611	1.652	1.693	1.734	1.776	1.817	1.858	1.899	1.949	1.981
50	2.022	2.064	2.105	2.146	2.188	2.229	2.270	2.312	2.353	2.394
60	2.436	2.477	2.519	2.560	2.601	2.643	2.684	2.726	2.767	2.809
70	2.850	2.892	2.933	2.975	3.016	3.058	3.100	3.141	3.183	3.224
80	3.266	3.307	3.349	3.390	3.432	3.473	3.515	3.556	3.598	3.639
90	3.681	3.722	3.764	3.805	3.847	3.888	3.930	3.971	4.012	4.054
100	4.095	4.137	4.178	4.219	4.261	4.302	4.343	4.384	4.426	4.467
110	4.508	4.549	4.590	4.632	4.673	4.714	4.755	4.796	4.837	4.878
120	4.919	4.960	5.001	5.042	5.083	5.124	5.164	5.205	5.246	5.287
130	5.327	5.368	5.409	5.450	5.490	5.531	5.571	5.612	5.652	5.693
140	5.733	5.774	5.814	5.855	5.895	5.936	5.976	6.016	6.057	6.097
150	6.137	6.177	6.218	6.258	6.298	6.338	6.378	6.419	6.459	6.499
160	6.539	6.579	6.619	6.659	6.699	6.739	6.779	6.819	6.859	6.899
170	6.939	6.979	7.019	7.059	7.099	7.139	7.179	7.219	7.259	7.299
180	7.338	7.378	7.418	7.458	7.498	7.538	7.578	7.618	7.658	7.697
190	7.737	7.777	7.817	7.857	7.897	7.937	7.977	8.017	8.057	8.097
200	8.137	8.177	8.216	8.256	8.296	8.336	8.376	8.416	8.456	8.497
210	8.537	8.577	8.617	8.657	8.697	8.737	8.777	8.817	8.857	8.898
220	8.938	8.978	9.018	9.058	9.099	9.139	9.179	9.220	9.260	9.300
230	9.341	9.381	9.421	9.462	9.502	9.543	9.583	9.624	9.664	9.705
240	9.745	9.786	9.826	9.867	9.907	9.948	9.989	10.029	10.070	10.111
250	10.151	10.192	10.233	10.274	10.315	10.355	10.396	10.437	10.478	10.519

表附 3－5

分度号:E

E 型热电偶分度表

（参考端温度为0℃）

测量端 温度(℃)	热电动势（mV）									
	0	1	2	3	4	5	6	7	8	9
0	0.000	0.059	0.118	0.176	0.235	0.295	0.354	0.413	0.472	0.532
10	0.591	0.651	0.711	0.770	0.830	0.890	0.950	1.011	1.071	1.131
20	1.192	1.252	1.313	1.373	1.434	1.495	1.556	1.617	1.678	1.739
30	1.801	1.862	1.924	1.985	2.047	2.109	2.171	2.233	2.295	2.357
40	2.419	2.482	2.544	2.607	2.669	2.732	2.795	2.858	2.921	2.984
50	3.047	3.110	3.173	3.237	3.300	3.364	3.428	3.491	3.555	3.619
60	3.683	3.748	3.812	3.876	3.941	4.005	4.070	4.134	4.199	4.264
70	4.329	4.394	4.459	4.524	4.590	4.655	4.720	4.786	4.852	4.917
80	4.983	5.047	5.115	5.181	5.247	5.314	5.380	5.446	5.513	5.579
90	5.646	5.713	5.780	5.846	5.913	5.981	6.048	6.115	6.182	6.250
100	6.317	6.385	6.452	6.520	6.588	6.656	6.724	6.792	6.860	6.928
110	6.996	7.064	7.133	7.201	7.270	7.339	7.407	7.476	7.545	7.614
120	7.683	7.752	7.821	7.890	7.960	8.029	8.099	8.168	8.238	8.307
130	8.377	8.447	8.517	8.587	8.657	8.827	83.797	8.867	8.938	9.008
140	9.078	9.149	9.220	9.290	9.361	9.432	9.503	9.573	9.614	9.715
150	9.787	9.858	9.929	10.000	10.072	10.143	10.215	10.286	10.358	10.429
160	10.501	10.578	10.645	10.717	10.789	10.861	10.933	11.005	11.077	11.151
170	11.222	11.294	11.367	11.439	11.512	11.585	11.657	11.730	11.805	11.876
180	11.949	12.022	12.095	12.168	12.241	12.314	12.387	12.461	12.534	12.608
190	12.681	12.755	12.828	12.902	12.975	13.049	13.123	13.197	13.271	13.345
200	13.419	13.493	13.567	13.641	13.715	13.789	13.864	13.938	14.012	14.087
210	14.161	14.236	14.310	14.385	14.460	14.534	14.609	14.684	14.759	14.834
220	14.909	14.984	15.059	15.134	15.209	15.284	15.359	15.435	14.510	15.585
230	15.661	15.736	15.812	15.887	15.963	16.038	16.114	16.190	16.266	16.341
240	16.417	16.493	16.569	16.645	16.721	16.797	16.876	16.949	17.025	17.101
250	17.178	17.254	17.330	17.406	17.483	17.559	17.636	17.712	17.789	17.865

表附 3 – 6　　　　　　　　　　**J 型热电偶分度表**

分度号:J　　　　　　　　　　　　　　　　　　　　　　（参考端温度为0℃）

测量端温度(℃)	热电动势(mV)									
	0	1	2	3	4	5	6	7	8	9
0	0.000	0.050	0.101	0.151	0.202	0.253	0.303	0.354	0.405	0.456
10	0.507	0.558	0.609	0.660	0.711	0.762	0.814	0.865	0.916	0.968
20	1.019	1.071	1.122	1.174	1.226	1.277	1.329	1.381	1.433	1.485
30	1.537	1.589	1.641	1.693	1.745	1.797	1.849	1.902	1.954	2.006
40	2.059	2.111	2.164	2.216	2.269	2.322	2.374	2.427	2.480	2.532
50	2.585	2.638	2.691	2.744	2.797	2.850	2.903	2.956	3.009	3.062
60	3.116	3.169	3.222	3.275	3.329	3.382	3.436	3.489	3.543	3.596
70	3.650	3.703	3.757	3.810	3.864	3.918	3.971	4.025	4.079	4.133
80	4.187	4.240	4.294	4.348	4.402	4.456	4.510	4.564	4.618	4.672
90	4.726	4.781	4.835	4.889	4.493	4.997	5.052	5.106	5.160	5.215
100	5.269	5.323	5.378	5.432	5.487	5.541	5.595	5.650	5.705	5.759
110	5.814	5.868	5.923	5.977	6.032	6.087	6.141	6.196	6.251	6.306
120	6.360	6.415	6.470	6.525	6.579	6.634	6.689	6.744	6.799	6.854
130	6.909	6.964	7.019	7.074	7.129	7.184	7.239	7.294	7.349	7.404
140	7.459	7.514	7.569	7.624	7.679	7.734	7.789	7.844	7.900	7.955
150	8.010	8.065	8.120	8.175	8.231	8.286	8.341	8.396	8.452	8.507
160	8.562	8.618	8.673	8.728	8.783	8.839	8.894	8.949	9.005	9.060
170	9.115	9.171	9.226	9.282	9.337	9.392	9.448	9.503	9.559	9.614
180	9.669	9.725	9.780	9.836	9.891	9.947	10.002	10.057	10.113	10.168
190	10.224	10.279	10.335	10.390	10.446	10.501	10.557	10.612	10.688	10.723
200	10.779	10.834	10.890	10.945	11.001	11.056	11.112	11.167	11.223	11.278
210	11.334	11.389	11.445	11.501	11.556	11.612	11.667	11.723	11.778	11.834
220	11.889	11.945	12.000	12.056	12.111	12.167	12.222	12.278	12.334	12.389
230	11.445	12.500	12.556	12.611	12.667	12.722	12.778	12.833	12.889	12.944
240	13.000	13.056	13.111	13.167	13.222	13.278	13.333	13.389	13.444	13.500
250	13.555	13.611	13.666	13.722	13.777	13.833	13.888	13.944	13.999	14.055

图书在版编目（CIP）数据

传感器应用技术/李常峰,刘成刚主编—济南:山东科学技术出版社,2016.12
ISBN 978 - 7 - 5331 - 8239 - 7

Ⅰ.①传…　Ⅱ.①李…　②刘…　Ⅲ.①传感器—高等职业教育—教材　Ⅳ.①TP212

中国版本图书馆 CIP 数据核字(2016)第 091805 号

传感器应用技术

总主编　韩鸿鸾　李常峰

主　编　李常峰　刘成刚

主管单位:北京出版集团有限公司
　　　　　山东出版传媒股份有限公司
出 版 者:北京出版社
　　　　　山东科学技术出版社
　　　　　地址:济南市玉函路 16 号
　　　　　邮编:250002　电话:(0531)82098088
　　　　　网址:www.lkj.com.cn
　　　　　电子邮件:sdkj@sdpress.com.cn
发 行 者:山东科学技术出版社
　　　　　地址:济南市玉函路 16 号
　　　　　邮编:250002　电话:(0531)82098071
印 刷 者:山东金坐标印务有限公司
　　　　　地址:莱芜市嬴牟西大街 28 号
　　　　　邮编:271100　电话:(0634)6276023

开本:787mm×1092mm　1/16
印张:11.5
字数:265 千
印数:1 - 2000
版次:2016 年 12 月第 1 版　2016 年 12 月第 1 次印刷

ISBN 978 - 7 - 5331 - 8239 - 7
定价:24.80 元